안주현의
과학
언더스탠딩 1

안주현의
과학
언더스탠딩 1

안주현 글 | 허현경 그림

동아시아
Science

쇠비름, 냉이, 토끼풀, 수수꽃다리, 아까시나무, 국화, …

궁금한 것이 많았던 어린 시절, 부모님께서는 눈에 띄는 식물마다 이름을 가르쳐 주셨습니다. 하나하나 이름을 알게 될수록 더 자세히 들여다보게 되고, 많은 식물의 꽃과 잎을 보면 볼수록 어느 하나 똑같게 생긴 것이 없어 신기했지요. 만져보면 손끝으로 느껴지는 느낌도 달라 한참이나 이리 들여다보고 저리 만져보며 시간을 보냈던 기억이 생생합니다. 관심이 생기니 자연스레 이름과 생김새를 기억하게 되었고, 자라면서 그 관심은 점차 생명과학을 넘어 과학까지 확장되었지요. 많은 어린이의 성장 과정 중에 공룡의 이름과 특징을 줄줄 외우는 공룡 단계가 있다면, 저에게는 식물 단계가 있었던 셈입니다.

우리는 언제 처음 과학에 관심을 가졌을까요? 학생들을 만날 때마다 과학이 언제 재미있다고 느꼈는지를 물어보곤 합니다. 주변에서 본 자연 현상, 과거에 살았던 생물과 일어났던 사건, 책이나 뉴스로 접한 멋진 과학자, 학교에서 해본 실험 등 사람마다 그 계기는 너무나 다양했습니다. 과학은 우리가 자연을 이해하고 소통할 수 있게 해주며, 일상생활을 넘어 우리가 사는 세상을 이루고 가꾸어 가는 데 커다란 영향을 주고 있어요. 과학과 친해지기 위한 시작은 관찰입니다. 이 책은 과학이라는 렌즈를 통해 들여다본 자연과 생명체, 과학기술, 우주에 관한 내용을 담고 있어요. 책을 읽으며 지구 생태계에서 함께 살아가고 있는 다양한 동물과 식물에 담긴 비밀을 알아보고, 유전자에 담긴 생명 정보가 어떤 역할을 하는지 생각해 볼 수 있답니다. 게다가 과학과 공학의 발달이 우리의 건강과 지구의 현재와 미래에 어떤 영향을 주는지도 알 수 있고, 지구에서 관측한 우주 현상이나 인류가 우주에서 하고 있는 일에 대하여 생각해 볼 수도 있지요. 더욱 많은 친구들이 과학에 관심을 가지고 읽을 수 있도록 각 주제를 자세하게 설명하고, 관련된 최근의 연구 이야기도 함께 담았어요. 특히 과학적으로 정확한 내용을 전하는 데 많은 노력을 기울였습니다.

아는 만큼 더 재미있게 보이는 과학! 여러분들이 과학이라는 렌즈를 통해 세상을 들여다보고, 곳곳에 담긴 과학을 쏙쏙 이해할 수 있기를 바랍니다.

과학의 렌즈를 선물하며, 안주현

차례

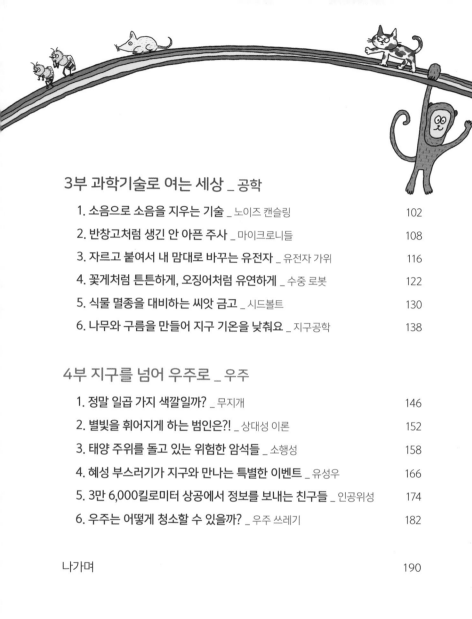

3부 과학기술로 여는 세상 _ 공학

4부 지구를 넘어 우주로 _ 우주

1. 지구에 함께 사는 동물과 식물

꽃 찾는 것을 도와주는
내비게이션

꿀벌의
춤

봄이 되면 낮 동안 온화한 날씨가 이어지면서 봄을 준비하는 식물의 모습이 눈에 띄곤 해요. 이와 더불어 매화, 풍년화 등 이른 시기에 개화한 꽃들 사이로 날아다니며 꿀을 모으는 꿀벌의 활동도 시작되지요. 그런데 꿀벌은 무작정 꽃을 찾아나서는 것이 아니라, 꽃의 종류와 꽃이 피어 있는 장소 등을 동료들과 공유하는 똑똑한 곤충이랍니다. 과연 꿀벌은 어떻게 정보를 전하고 서로 의사소통을 하는 걸까요?

꿀벌에게 중요한 꽃의 정보

꿀벌과에 속하는 꿀벌은 꽃에서 꿀과 꽃가루를 모아 먹이로 삼아요. 잔털이 많은 작은 몸으로 꽃가루를 모아서 뒷다리에 동그랗게 공처럼 붙이고, 꿀은 삼켜 몸속에 보관해 두고 이 꽃 저 꽃 옮겨 다니지요. 봄이 시작되면 이런 모습이 자주 눈에 띄어서 꿀벌은 봄을 대표하는 곤충이라고도 해요. 꿀벌이 꽃을 옮겨 다니는 과정에서 식물의 수술에 있는 꽃가루가 꿀벌의 몸에 묻고, 이 꽃가루가 다른 꽃의 암술에 묻는 '수분'이 일어나는데, 이런 과정을 통해 수정하여 번식하는 꽃을 충매화라고 합니다.

꿀벌은 보통 한 마리의 여왕벌을 중심으로 수많은 개체가 모여 집단생활을 하고, 집단 내에서 분업이 잘 이루어져 있어요. 알을 낳아 집단을 형성하는 여왕벌과 번식을 위해 정자를 제공하는 수벌, 그리고 여왕벌과 알, 애벌레를 돌보고, 벌집을 만들어 유지하며 꿀과 꽃가루를 채집하는 등 많은 일을 담당하는 일벌이 대표적이지요.

열심히 모은 꿀과 꽃가루는 함께 살아가는 벌과 애벌레의 먹이가 됩니다. 한 해 동안 열심히 모아야 다 같이 겨울을 보낼 수 있지요. 따라서 일벌의 채집 활동은 매우 중요하고, 야생에서 살아가는 꿀벌에게는 어느 위치에 어떤 꽃들이 얼마나 피어 있는지를 아는 것이 살아남는 데 중요해요. 일벌의 개체 수는 많지만, 많은 일벌이 무작정 꽃을 찾아 나섰다가는 아무것도 얻지 못하고 체력과 식량만 소모하거나 길을 잃고 위험에 처하게 될 수도 있으니까요.

거리에 따라 달라지는 꿀벌의 춤

20세기 초 오스트리아의 과학자 카를 폰 프리슈(1886~1982)는 꿀벌의 움직임에 특별한 규칙이 있다는 것을 발견합니다. 1914년 그는 설탕 시럽이 담긴 작은 유리 접시 밑에 색종이를 깔고 벌이 색을 구별할 수 있는지 알아보는 실험을 합니다. 그 결과 꿀벌이 흰색과 노란색, 파란색, 보라색을 다른 색과 구별할 수 있다는 것을 알았어요. 벌을 비롯한 곤충들은 색깔을 구분하지 못한다고 알려져 있었던 과거의 믿음을 뒤집는 엄청난 발견이었지요. 이후 프리슈의 계속된 연구를 통해 꿀벌이 태양의 위치와 하늘에서 산란된 빛의 편광 패턴, 자기장 등을 이용해서 꽃이 피어 있는 장소를 찾아갈 수 있다는 것이 밝혀졌어요.

더 놀라운 사실은 이 정보를 동료에게 전달한다는 것이었어요. 프리슈는 꿀을 발견한 벌의 모습을 꾸준히 관찰해서 벌들이 정보를 전달하는 패턴을 분석했어요. 우선 실험을 위해 수백 마리의 벌을 준비하고, 각 벌의 등에 여러 가지 색깔의 페인트로 작은 점들을 찍어 구분할 수 있게 한 후 벌들의 행동을 관찰했어요. 일벌

중 일부가 먼저 벌집에서 나와 주변을 탐색하여 꿀을 발견하고 다시 벌집에 돌아가면 다른 일벌들도 밖으로 나와 그 장소로 몰려가 채집을 시작하는데요. 그 과정에서 정찰 벌이 다른 벌들에게 꿀이 있는 위치를 전달하는 방법이 바로 춤이라는 것을 알아냈지요. 정찰을 마치고 벌집으로 돌아와서 자신이 발견한 꽃의 꿀을 뱉은 뒤 그 꽃이 있는 곳을 춤으로 설명하는 거예요. 더 나아가 프리슈는 꽃이 있는 방향과 거리에 따라 정찰 벌이 다른 춤을 추고, 춤의 속도나 회전 방향 등을 조절하여 더욱 세세한 정보를 전달한다는 것도 알아냈어요.

예를 들어, 정찰을 다녀온 벌이 민들레꽃의 꿀을 한 방울 뱉어 놓고 한자리에서 뱅글뱅글 도는 '원형 춤'을 춘다면 민들레는 벌집에서 50~100미터 이내 멀지 않은 곳에 있다는 뜻이에요. 하지만 만약 민들레가 그보다 더 먼 곳에 있다면 정찰 벌은 '흔들 춤'을 춥니다. 흔들 춤을 출 때는 태양의 위치를 기준으로 꽃이 있는 곳의 각도만큼 틀어서 짧게 전진한 다음, 오른쪽으로 반원 모양으로 돌고 다시 제자리로 돌아와 왼쪽으로 반원 모양으로 돌아요. 이때 꽃까지의 거리가 멀수록 전진할 때 꼬리를 더 많이 좌우로 흔들어요.

심지어 꼬리로 춤을 추는 시간은 꽃이 있는 곳까지의 거리에 비례한다고 해요. 프리슈는 벌이 꼬리로 1초 동안 춤을 추는 것이 약 1킬로미터 거리를 뜻한다는 것도 알아냈어요. 그는 이 모든 연구에 대한 공로로 1973년 노벨 생리의학상을 받았습니다.

이동 경로를 알려주는 꿀벌

프리슈 이후에도 많은 과학자들이 꿀벌의 의사소통 연구를 계속 진행하고 있어요. 미국 미네소타대학교 연구 팀은 2015년부터 3년 동안 넓은 대초원에서 꿀벌 두 집단을 서로 다른 위치에 놓고 행동을 분석했어요. 연구 결과, 꿀벌의 흔들 춤을 1,528가지로 구별할 수 있고, 이 동작들은 마치 자동차 내비게이션처럼 꿀이 있는 곳까지의 상세한 이동 경로와 그 꿀이나 꽃가루의 상대적 가치까지도 담고 있다는 것을 알아냈어요. 이 연구를 통해 기존에 우리가 알고 있던 것보다 훨씬 다양하고 구체적인 정보를 벌들이 서로 주고받는다는 사실을 알게 되었지요. 또한 1년 중 채집 활동이 거의 마무리되어 가는 늦여름과 가을 무렵에 꿀과 꽃가루를 찾기 위한 춤의 비율이 다른 시기보다 크게 증가한다는 것과 대초원에 서식하는 식물 중에서도 특히 그 지역 고유종에서 채집하는 것을 더 좋아한다는 것도 밝혀냈어요.

꿀벌은 우리에게 꿀과 밀랍, 프로폴리스 등 다양한 자원을 제공해 줄 뿐만 아니라 식물의 수분을 도와주는 등 생태계에 매우 중요한 역할을 담당하고 있어요. 하지만 기후 변화와 환경 오염, 벌을 해치는 바이러스의 확산, 식물 군락의 감소와 같은 이유 때문에 세계적으로 그 수가 심각하게 감소하고 있어요. 2035년에는 꿀벌이 멸종할 수도 있다는 예측을 하는 과학자들도 있지요. 2016년 자료에 따르면, 우리나라도 전년 대비 벌의 수가 10.8퍼센트나 감소했다고 해요. 꿀벌의 행동과 소통에 관한 연구 결과는 꿀벌이 살기에 좋은 환경을 꾸릴 수 있는 정보를 주기 때문에 꿀벌 보호에 도움이 된답니다. 사람뿐만 아니라 다른 생물들의 소통 방식을 이해하는 것이 결국 모두 함께 잘 살 방법이 되는 셈이지요.

꿀벌의 침

일벌의 침에는 '미늘'이라는 갈고리가 있어서 침을 쏜 상대의 몸에서 잘 빠지지 않아요. 상대의 몸에서 침을 빼려면 자기 몸속의 내장이 빠져나와 죽게 되지요. 그래서 한 번밖에 쏠 수 없답니다. 반면 여왕벌의 침은 일벌보다 길이가 길고, 미늘이 없어서 여러 번 쏠 수 있어요.

일벌

여왕벌

17

파란 장미, 파란 국화를
본 적 있나요?

꽃의
색깔

경기도 고양시에서는 해마다 꽃박람회를 열어요. 1997년부터 시작된 국내 최대 규모의 꽃 축제랍니다. 널찍한 야외 공원에 다양한 주제로 1억 송이 정도의 꽃이 전시되지요.

2019년에 열린 꽃박람회에서는 피튜니아, 디기탈리스, 사계 국화 등 5만 송이의 꽃으로 만든 '평화의 여신상'이 화제였어요. 평화의 여신상은 빨간색 머리카락, 흰색 윗옷, 분홍색과 주홍색 치맛자락을 가진 것처럼 보였지요. 식물은 어떻게 이렇게 다채로운 색깔의 꽃을 피워내는 걸까요?

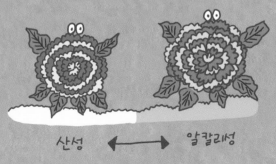

산성 ⟵ ⟶ 알칼리성

유전자에 따라 결정되는 꽃 색깔

꽃의 색깔은 꽃에 든 색소 물질이 무엇인지에 따라 결정돼요. 대표적으로 플라본 색소는 크림색을, 안토시아닌 색소는 빨간색, 보라색, 파란색 등을, 카로티노이드는 노란색과 주황색을 만들어냅니다. 식물이 어떤 색소를 만드는 유전자를 갖고 있느냐에 따라 꽃 색깔도 바뀝니다. 유전자에 따라 꽃 색깔을 타고나는 것이죠. 우리가 부모님의 키, 쌍꺼풀, 머리카락 색 같은 특징을 물려받는 것처럼 식물은 꽃 색깔을 부모님으로부터 물려받아요.

19세기 오스트리아 연구자 그레고어 멘델(1822~1884)은 완두를 연구하다가 '우열의 원리'를 발견합니다. 먼저 그는 보라색 완두꽃끼리 교배했을 때 자손이 모두 보라색 꽃만 피우고, 흰색 완두꽃끼리 교배했을 때 자손이 모두 흰색 꽃만 피우는 완두를 관찰했어요. 이어 멘델은 그중에서 보라색 꽃을 피우는 유전자만 가진 완두와 흰 꽃만 피우는 유전자를 가진 완두를 교배했어요. 첫 번째 자손 세대에는 모두 보라색 완두꽃이 피었어요. 보라색 꽃 유전자와 흰 꽃 유전자가 만났을 때 우성인 보라색 꽃의 특징만 표현된 거지요. 이들을 다시 교배했더니 두 번째 자손 세대에서는 보라색 꽃을 피우는 완두와 흰색 꽃을 피우는 완두가 모두 나타났어요. 보라색 겉모습 아래 흰색 유전자를 숨기고 있던 완두가 만나 흰 꽃 자손이 나타난 거예요.

땅에 따라 파랗게도 빨갛게도 피는 수국

하지만 유전자가 모든 걸 결정하는 건 아니에요. 주변 환경에 따라 꽃 색깔이 달라지는 대표적인 식물이 수국입니다. 수국은 처음 꽃봉오리가 생길 때는 하얀색이지만 땅이 얼마나 산성을 띠고 있느냐에 따라 차차 색이 바뀐답니다.

수국은 안토시아닌 색소를 갖고 있는데, 안토시아닌은 알루미늄 이온과 결합하면 파란색을, 알루미늄 이온이 없으면 붉은색을 나타내요. 흙이 산성일수록 토양에서 알루미늄 이온이 잘 분리되어 수국으로 흡수됩니다. 그래서 흙이 산성이면 수국은 파란색 꽃을 피우고, 알칼리성이면 붉은색 꽃을 피워요.

파란 꽃 만들기에 도전하는 과학자들

과학자들은 인공적으로 원하는 꽃 색깔을 내는 법을 연구해 왔어요. 2010년 경기도농업기술원은 장미 '딥퍼플(Deep Purple)'을 개발해 지금까지 19개국에 436만 주를 판매했어요. 딥퍼플은 줄기에 가시가 없고, 연분홍과 진분홍으로 이뤄진 화려한 꽃을 피우는 게 특징입니다.

영어로 '파란 장미(blue rose)'는 있을 수 없는 일을 뜻하는 표현이에요. 야생에 붉은 장미는 있어도 파란 장미는 없으니까요. 실제로 학자들은 장미에는 파란색을 띠게 하는 색소가 없어서 파란 장미를 만드는 건 불가능하다고 여겼어요.

그런데 일본과 오스트레일리아 공동 연구진이 이런 상식에 도전했어요. 이들은 2004년 파란 장미를 만들어 내 큰 화제를 불러일으켰지요. 연구진은 유전공학 기술로 붉은 장미에서 붉은 색소를 나타내는 유전자가 발현하지 못하게 한 뒤, 팬지꽃에서 추출한 파란색 색소 유전자를 장미에 옮겨 왔어요. 그 결과, 완전히 파란색은 아니지만 푸르스름한 보라색 장미가 피어났어요.

2017년에는 비슷한 방법으로 일본 연구진이 분홍색 국화에 초롱꽃과 나비콩꽃에서 추출한 유전자를 넣어 파란색 국화를 만드는 데 성공합니다.

꽃박람회에 전시되는 장미 중에는 알록달록 무지개 색깔 꽃잎을 가진 장미도 있어요. 남아메리카 에콰도르에서 온 이 장미의 비밀은 염색이랍니다. 당연히 이 무지갯빛은 자손에게 전달되지 않아요. 그렇지만 언젠가 생명공학 기술을 이용해 무지개 장미도 만들 수 있지 않을까요?

분꽃의 중간유전

완두는 흰색 아니면 보라색 둘 중 한 가지 색깔로 꽃을 피워요. 멘델은
이걸 보고 우성과 열성을 발견했죠. 그런데 두 꽃이 섞여서 연보라색
꽃이 피는 것도 가능하지 않을까요? 1903년 독일 식물학자 칼 에리히
코렌스(1864~1933)가 분꽃을 연구하다가 붉은색 꽃과 흰색 꽃이 있는데
교배하면 분홍색 꽃이 피기도 하는 현상을 발견했어요.
코렌스는 분꽃이 완두와는 달리 꽃 색깔을 결정하는 유전자 사이에
우성과 열성 관계가 뚜렷하지 않아 두 유전자를 모두 가진 잡종은
분홍색이 된다는 걸 알아냈어요. 이를 '중간 유전' 현상이라고 해요. 이후
연구에서 이 같은 현상은 우성의 특징이 완전히 나타나지 못한 불완전
우성 때문이라는 것을 알아냈답니다.

분꽃

23

맴맴~ 우렁찬 소리를 내는
매미의 귀는 괜찮을까?

매미의
소리

매암매암 맴맴맴맴~~~

비가 연이어 내릴 때는 잠잠하다가도 장마가 끝나자마자 여기저기에서 매미 울음소리가 우렁차게 들려요. 여름이 막바지에 이르렀음을 알려주는 매미 소리는 여름의 정취를 느끼게도 해주지만, 밤낮없이 울어대는 통에 잠을 설치게도 만들죠. 그런데 매미는 그 작은 몸에서 어떻게 그토록 우렁찬 소리를 낼 수 있을까요?

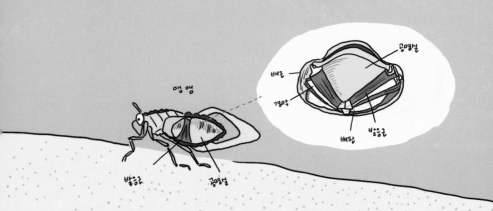

나무에 빨대를 꽂는 매미

매미는 소리를 내는 곤충의 대명사답게 그 이름도 소리에서 유래되었어요. 맴맴 소리를 낸다고 해서 '맴이'라고 불리다가 매미가되었다고 해요. 그런데 매미 울음소리에 귀를 기울여 보면 들리는 소리가 '맴맴'이 아닌 것 같기도 하고, 또 한 종류의 소리가 아닌 것처럼 느껴질 때도 있어요. 실제로 매미는 종에 따라 내는 소리가 다른데, '맴맴~' 하고 우는 매미는 참매미라고 해요. 그럼 우리주변에 서식하는 매미에는 어떤 것들이 있을까요?

매미는 곤충강 중에서도 노린재목 매밋과에 속해요. 노린재목에 속하는 매미의 친척들로는 노린재는 물론이고, 진딧물과 장구애비, 꽃매미 등이 있어요. 노린재목 곤충들은 긴 빨대 모양의 주둥이로 식물이나 동물의 체액을 빨아 먹으며 사는 것이 특징이지요. 매미도 뾰족하고 긴 주둥이를 나무에 꽂고 수액을 빨아 먹으며 살기 때문에 주로 나무줄기에 붙어 있어요. 나무와 비슷한 보호색을 띠고 있는 경우가 많아 주의 깊게 살펴야 찾을 수 있지요. 식물 줄기 안에는 식물 체내의 이곳저곳으로 물이 이동하는 물관과 포도당 같은 영양분이 지나다니는 체관이 있는데, 매미는 보통체관까지 주둥이를 꽂아 그 안의 당을 섭취한다고 해요.

매미는 세계적으로 3,000여 종이 존재하고, 우리나라에는 세모배매미, 풀매미, 소요산매미, 유지매미, 쓰름매미, 털매미, 참매미, 애매미, 말매미, 참깽깽매미, 호좀매미, 늦털매미, 두눈박이좀매미, 깽깽매미 등 14종이 서식 중이에요.

암컷 매미가 나무줄기 안에 200~600개 정도의 알을 낳으면 종에 따라 짧게는 6주, 길게는 1년 뒤에 애벌레(유충)가 깨어납니다. 깨어난 유충은 곧바로 땅으로 내려와 땅속으로 기어들어서 나무뿌리 근처에 자리를 잡고 뿌리에 주둥이를 꽂아 수액을 먹으며 삽니다. 그렇게 땅속에서 종에 따라 3~17년에 이르는 시간을 보낸 뒤 앞발을 이용해 흙을 파내고 땅 위로 나오지요. 그러고 나서 다시 높은 곳으로 기어 올라가 자리를 잡고 어른벌레(성충)가 되는 우화를 준비합니다. 몸이 딱딱해지고 등이 갈라지면서 어른벌레 매미가 애벌레 껍질 밖으로 나오게 되지요. 우화 직후의 어른벌레는 작은 껍질 안에 있다가 나온 상태이므로 날개가 구겨지고 젖은 상태이고, 몸도 부드럽고 창백한 상태예요. 하지만 날개를 말리고, 몸도 단단한 외골격을 갖추고 나면 우리가 알고 있는 진한 색깔의 매미로 변해요. 이후 한 달 내외의 삶을 살면서 짝짓기를 하고, 알을 낳은 다음 생을 마감합니다.

우렁찬 울음소리의 비밀

우리가 흔히 듣는 매미 소리는 수컷 매미가 암컷 매미에게 보내는 구애의 신호로 알려져 있어요. 수컷 매미의 옆구리에는 키틴질 성분의 얇고 단단한 막인 '진동막'이 붙어 있어요. 매미가 배에 있는 근육인 '발음근'을 이용해 진동막을 흔들면 진동막의 긴 막대 모양 구조들이 연달아 휘어지고 이완되면서 커다란 소리를 내는 거랍니다. 보통 발음근은 1초에 300~400번 수축과 이완을 반복해서 진동막을 움직인다고 해요.

조그만 몸에서 나는 울음소리가 그토록 우렁찬 비밀은 텅 빈 매미의 배에 있습니다. 수컷 매미의 발음근 안쪽 몸통은 '공명실'이라고 부르는 텅 빈 구조로 이루어져 있는데, 진동막이 내는 음파가 이곳을 지나면서 진폭이 증가해 소리가 20배나 커지는 거예요. 이처럼 소리가 울리면서 더 커지는 현상을 '공명 현상'이라고 합니다. 이때 매미는 몸통 양옆에 붙어 있는 고막을 덮었다 열었다 하면서 소리 크기를 추가로 조절할 수 있어요.

이렇게 수컷 매미가 소리를 내는 원리를 알아낸 것은 1990년대 말 영국과 오스트레일리아의 연구 팀이에요. 레이저를 이용해 진동막의 떨림을 상세하게 측정해서 매미 울음소리의 비밀을 밝혀냈다고 해요.

또 2004년 국립생물자원관 연구에 따르면, 말매미가 만들어 내는 진동파의 압력인 음압이 초기에 약 3초 동안 급격하게 커지다가 15초 정도로 거의 일정하게 유지되고, 다시 약 2초 동안 소리

가 줄어드는 패턴을 보인다고 해요. 그래서 '쏴아아아아아르~~~'
하며 급격하게 커져서 일정하게 유지되었다가 갑자기 멈추기를 반
복하는 말매미 소리가 우리에게 들리는 것이지요.

매미가 합창을 하는 이유

보통 7~8월 도심에서 가장 많이 들을 수 있는 말매미와 참매미
의 울음소리는 크기가 70~90데시벨(dB)에 이릅니다. 이는 커다
란 자명종 소리나 진공청소기 소리, 열차 소리와 비슷한 크기라고
해요. 이렇게 커다란 소리를 듣고 암컷 매미가 수컷에게 날아가
짝짓기를 하는 거예요.

그런데 이렇게 큰 소리를 내는 수컷 매미 자신의 청각은 괜찮을
까요? 다행히도 수컷의 고막은 소리를 내는 기관(진동막, 공명실)과
서로 연결되어 있어서 소리를 낼 때에는 소리 내는 것을 돕고, 소
리를 내지 않을 때에는 듣는 기능을 한다고 해요. 정작 자기는 울
음소리를 듣지 못한다는 거죠. 또 소리를 들을 수 있는 주파수 범
위가 사람보다 작아서 우리에게 소음으로 느껴지는 소리가 매미에
게는 들리지 않을 수 있답니다.

『파브르 곤충기』로 유명한 19세기 프랑스의 곤충학자 장 앙리
파브르(1823~1915)는 매미가 소리를 들을 수 있는지 궁금해서 재

미있는 실험을 했어요. 당시 시청 축제에 쓰이던 대포를 매미 바로 근처에서 발사해 보았는데, 매미가 아무렇지도 않게 계속 자기 소리를 냈다고 해요. 매미의 소리 주파수(참매미와 말매미의 경우 4,000~6,000헤르츠) 범위가 사람이 들을 수 있는 소리 주파수 영역인 20~2만 헤르츠 범위 안에 있어서 우리에게는 큰 소음으로 느껴지는 것이죠.

한 마리의 매미가 소리를 낼 때도 있지만 주변에 여러 마리가 있는 경우 합창하는 것을 관찰할 수 있어요. 함께 소리를 내면 같은 종의 암컷에게 더욱 크고 명확하게 신호를 전달할 수 있기 때문이에요. 또 주변의 천적에게 자신의 위치가 들킬 위험을 줄일 수 있다는 이점도 있답니다.

국립생물자원관이 2014년에 낸 책인 『한국의 매미 소리 도감』에 따르면, 매미의 소리는 생태와 시간대에 따라 그 크기와 주파수가 다르다고 해요. 참매미는 보통 오전 4시에서 오전 9시 사이에 '맴맴매앰~' 하는 일정한 리듬으로 소리를 내고, 말매미는 오전 8시에서 오후 2시 사이에 '쏴아아아아아아르~~~' 하고 좀 더 강한 소리를 냅니다.

매미는 보통 암컷이 찾아오기 쉽도록 밝고 기온이 높은 낮 동안 소리를 내요. 그런데 요즘엔 한밤중에도 매미 소리를 쉽게 들을 수 있죠. 그 원인으로는 도심의 빛 공해가 꼽힙니다. 밤이 되어도 길을 대낮처럼 밝혀주는 가로등과 같은 인공 빛 때문에 환한 데다가 열섬 현상으로 높은 기온이 유지되기 때문에 매미가 늦은 밤까지 소리를 내는 거라고 해요. 매미가 낮인지 밤인지 헷갈려 하기 때문이지요.

정보 더하기! ## 소리를 내지 못하는 암컷 매미

소리를 내지 못하는 암컷 매미의 몸통 내부는 어떻게 생겼을까요? 암컷은 소리를 내기 위한 구조 대신 알을 품었다가 낳기 위한 산란 기관이 그 자리를 채우고 있어요. 나무줄기 내부에 알을 낳을 수 있도록 하는 산란관이 배 끝에 뾰족하게 나와 있지요.

수컷 매미(왼쪽)와 암컷 매미(오른쪽)

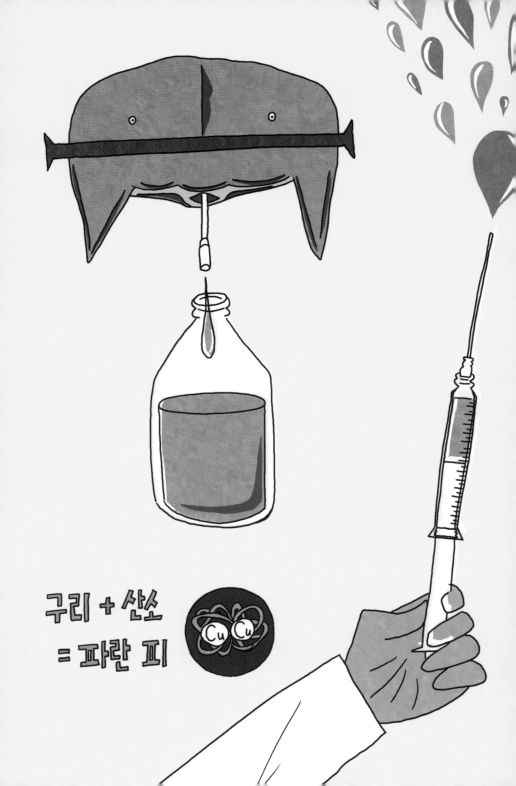

사람을 구하는
푸른 피의 주인공

매년 미국과학진흥회(AAAS)와 미 의회는 '황금거위상' 수상작을 발표합니다. 2012년부터 매년 "정부 예산 지원을 받은 연구 중에서 처음에는 눈에 띄는 성과를 내지 못했지만, 시간이 흘러 인류와 사회에 크게 이바지한 연구"를 세 가지씩 선정해 황금거위상이라는 이름의 상을 주고 있죠. 때로는 예산 낭비처럼 보일 수 있는 기초 과학 연구가 '황금알을 낳는 거위'라는 사실을 알리기 위해서예요. 2019년 수상작 중 하나는 '투구게의 혈액 순환 연구'였답니다. 투구게가 무엇이기에 이렇게 중요한 상을 탔을까요?

위

아래

투구게의 혈액 순환

투구게는 고생대에 번성했던 삼엽충에서 진화해 4억 5,000만 년 전인 중생대에 번성한 이후 현재까지 바다에 살고 있어서 '살아 있는 화석'이라고도 불려요. 우리나라에서는 생김새가 투구와 닮았다고 해서 '투구게'라고 부르고, 영어 이름은 말의 발굽처럼 생겼다고 해서 horseshoe crab이지만 생물학적으로 '게'와는 다른 종류이고, 오히려 거미와 더 가까운 친척 관계라고 해요.

1950년대 존스홉킨스대학교 프레더릭 뱅 박사는 사람과 달리 푸른색 피가 흐르는 투구게의 혈액 순환을 연구했어요. 피 색깔은 보통 혈액 속에서 산소를 운반하는 단백질에 따라 달라지는데, 사람은 헤모글로빈, 투구게는 헤모시아닌이 그 역할을 하죠. 헤모글로빈에는 산소를 만나면 붉은색을 띠는 철 원자가, 헤모시아닌에는 파란색을 띠는 구리 원자가 있어 피 색깔이 다른 거예요. 또한 사람에게는 백혈구가 있어서 우리 몸 안에 병원균이 들어오면 식균 작용을 통해 세균 등을 제거하지만, 투구게에게는 백혈구가 없어요.

뱅 박사는 투구게 같은 절지동물의 면역 체계를 연구하며 사람과 달리 백혈구가 없는데 어떻게 외부 세균에 저항하는지를 살펴봤죠. 그러던 중 투구게의 혈액에 세균이 침투하면 혈액이 젤리와 비슷한 젤(gel) 상태로 굳는 현상을 발견합니다. 뱅 박사가 캘리포니아대학교 샌프란시스코캠퍼스 잭 레빈 교수와 함께 이 현상을 계속 탐구한 결과 투구게의 피가 대장균, 살모넬라균, 콜레라균 같은 '그람 음성균'을 만났을 때 응고된다는 사실을 확인했어요. 이런 세균들은 체내의 다른 생물에 해를 주는 독소(내독소)를 갖고 있는데 세포벽이 손상되면 이 성분이 밖으로 나와 염증 등을 일으키지요.

투구게는 이런 내독소를 '변형 세포'를 통해 제거했어요. 내독소를 만나면 변형 세포 안의 큰 알갱이가 터지면서 응고 단백질이 나와 내독소와 엉겨 붙어요. 이처럼 해로운 물질이 몸에 들어오면 일단 더 퍼지지 못하도록 주변의 혈액을 굳게 한 다음 그 부분을 제거하는 방식의 면역 체계를 지니고 있었던 거예요.

토끼와 사람을 구하는 투구게

세균의 내독소는 투구게뿐만 아니라 사람에게도 해롭기 때문에 새로 개발한 의약품을 사람에게 적용하기 전에 의약품이 내독소로 오염되었는지 검사를 해야 해요. 이때 널리 이용되는 것이 바로 토끼였어요. 토끼의 면역계가 사람의 면역계와 비슷해서 의약품을 토끼에게 주사한 뒤 며칠 동안 상태를 검사하는 방법을 이용했지요. 그런데 이 검사는 시간도 오래 걸리는 데다가 많은 수의 토끼와 공간이 필요하다는 점, 그리고 척추동물인 토끼에 대한 동물 윤리 문제가 따를 수밖에 없었어요.

그러다가 투구게의 혈액 특성을 이용한 내독소 검사 방법이 등장했어요. 내독소를 만나면 응고되는 투구게 혈액의 원리에 착안해 투구게의 혈액을 뽑은 다음 변형 세포를 추출해서 시약으로 만들어 검사에 사용하도록 한 것이지요. 심지어 토끼를 이용한 검사는 내독소의 유무만 알 수 있었는데, 투구게 시약을 이용한 검사로는 내독소의 독성 정도까지 수치화할 수 있었어요. 이 모든 것이 투구게 혈액의 특성과 그 원리에 대한 뱅과 레빈의 기초 연구가 있었기에 가능했지요. 'LAL(Limulus Amebocyte Lysate: 투구게 변형 세포 용해물) 검사'라고도 불리는 이 방법이 개발되면서 훨씬 빠르고 정밀한 내독소 검사 방법을 개발할 수 있었고, 많은 토끼의 목숨도 지킬 수 있었답니다. 두 사람은 이 공로를 인정받아 2019년 황금거위상을 받게 된 거예요.

멸종 위기에 놓인 투구게

투구게는 '아낌없이 주는 나무'를 닮았어요. 내독소 검사에 활용되기 전에도 다른 방식으로 인간의 삶을 도왔거든요.

과거 아메리카 대륙에서는 투구게를 찐 뒤 갈아서 농사지을 때

비료로 썼어요. 원주민들은 이 농법을 유럽인들에게도 알려줬어요. 19세기에는 해마다 100만 마리 이상의 투구게가 논밭에 비료로 뿌려졌죠. 20세기 들어 화학 비료가 본격적으로 생산된 뒤에야 투구게는 비료 신세에서 벗어났죠. 게다가 투구게는 장어나 소라를 잡을 때 훌륭한 미끼 역할을 하기도 했어요. 중국 같은 나라에선 투구게 알을 별미로 먹기도 하고요.

투구게는 이제 우리에게 '피'까지 주고 있습니다. LAL 검사에 꼭 필요한 투구게의 변형 세포를 얻기 위해 알을 낳으러 해안가로 다가오는 투구게를 산 채로 포획하고, 심장 근처에 구멍을 뚫은 뒤 약 30퍼센트의 혈액을 채취한 뒤 바다로 돌려보내거든요. 그 과정에서 스트레스를 받아 10~15퍼센트의 투구게가 죽는 것으로 알려져 있고, 바다에 돌아간 투구게들 중에는 사망하거나 불임이 되는 경우도 있다고 해요. 미국에서만 한 해에 43만 마리의 투구게 피를 채취하고 있다고 하니까요.

그래서 '살아 있는 화석'으로 불리는 투구게 수가 급격히 줄어드는 것 아니냐는 우려의 목소리도 나옵니다. 영국 《가디언》은 "10년 뒤 북아메리카의 투구게 수가 지금의 70퍼센트 수준으로 떨어질 수 있다"라고 경고했어요.

투구게를 점점 더 많이 이용하기 시작하면서 무려 중생대부터 살아온 투구게들이 사람에 의해 멸종될 위기에 놓였어요. 위기에

처한 것은 투구게만이 아니에요. 투구게의 알을 먹고 사는 것으로 알려져 있는 붉은가슴도요 등의 동물도 투구게의 감소와 더불어 줄어들고 있다는 연구 결과가 나왔어요. 이런 문제를 해결하기 위해 인간의 혈액 성분이나 바이오센서를 이용해 독성 검사를 하는 방법 등의 대체 방법 연구도 진행되고 있답니다.

황금거위상(Golden Goose Award)은 2012년 당시 미 하원 의원이었던 짐 쿠퍼가 제안하여 미국과학진흥회와 미 의회가 "연구 당시에는 눈에 띄는 성과나 이득을 내지는 못하지만 시간이 흘러 결국에는 인류와 사회에 크게 기여한 연구"를 대상으로 수여해 온 상이에요. 당시 의회에서 일부 연구 과제들에 지원비를 삭감하기로 하자 이에 반발하며 "시작은 엉뚱하거나 때로는 예산 낭비처럼 보일 수 있는 기초과학 연구들도 나중에는 생명을 살리거나 인류의 진보에 큰 영향을 주는 성과로 이어질 수 있다"라고 주장하며 시작되었지요. 상의 이름은 1970년대와 1980년대에 세금을 낭비하는 쓸모없는 연구를 매달 선정해 수여했던 '황금양털상(Golden Fleece Award: 1975년부터 1988년까지 수여함)'에 빗대어 지었답니다. 명사로 '양털'을 뜻하는 'fleece'는 동사로 '빼앗다'라는 뜻이 있고, 반면에 '거위'를 뜻하는 명사인 'goose'는 동사로 '촉진하다'라는 의미가 있다고 해요.

황금거위상

식물을 보호하는
알록달록 색소

떨켜

단풍의
원리

단풍나무는 우리에게 계절의 변화를 알려주는 잘 알려진 수종이에요. 매년 가을이 되면 울긋불긋 물드는 단풍나무를 보기 위해 많은 등산객들이 산을 찾곤 해요. 산림청 산하 국립수목원은 2020년 9월 우리나라 토종 당단풍나무를 10년 동안 관측한 자료를 인공지능으로 분석해 각 지역에서 단풍이 절정을 이루는 시기를 예측한 '산림 단풍 예측 지도'를 발표했어요. 그 후로 매년 초가을에 그해 단풍이 드는 시기를 지도로 발표하곤 하지요. 그만큼 '가을' 하면 단풍을 떠올리지 않을 수가 없는데요. 가을이면 전국을 아름답게 물들이는 단풍의 비밀을 알아볼게요.

알록달록한 식물의 색소

식물의 겨울나기는 동물과는 달리 참 힘듭니다. 동물처럼 추위를 피해 동굴을 찾을 수 있는 것도 아니고, 사람처럼 외투를 입을 수도 없지요. 그래서 나무는 제자리에 가만히 있으면서 추운 겨울을 견딜 수 있는 방법을 찾았습니다. 그 방법은 바로 잎을 울긋불긋하게 물들이고 잎을 바짝 말려서 땅에 떨어뜨리는 것이었습니다. 나무 속에 수분이 많으면 한겨울에 꽁꽁 얼어 죽고 말거든요.

식물들은 대부분 녹색 잎과 줄기로 이루어져 있어요. 식물이 이렇게 녹색을 띠는 것은 식물 세포 안에 특별한 색소가 들어 있기 때문이지요. 이 색소 덕분에 식물은 동물과 달리 태양의 빛 에너지를 흡수해 이산화탄소와 물에서 포도당을 만들고, 그 과정에서 산소를 내보낼 수 있어요. 이것을 식물의 광합성이라고 하죠. 광합성을 담당하는 색소가 바로 엽록소입니다. 엽록소는 녹색 빛을 반사해서 우리 눈에 녹색으로 보여요. 하지만 식물의 색소에는 엽록소만 있는 것은 아니에요. 식물이 활발하게 성장하는 여름에는 엽록소가 많아 식물이 온통 녹색인 것처럼 보이지만, 사실 식물마다 노란빛을 내는 크산토필, 주홍색 계열의 카로틴, 붉은빛을 띠는 안토시아닌 등 다른 색깔의 보조 색소를 함께 가지고 있답니다. 보조 색소 덕분에 식물은 더욱 다양한 파장의 햇빛을 흡수해 이용할 수 있어요.

단풍이 드는 원리

여름에는 광합성으로 만들어진 포도당과 수분이 식물의 줄기와 잎 사이를 활발하게 이동해요. 특히 잎에 있는 기공을 통해 수분이 외부로 빠져나가는 증산 작용 덕분에 식물은 뿌리에서 외부의 물을 빨아들일 수 있지요. 하지만 가을이 되어 기온이 낮아지고 건조해지면 상황은 달라집니다. 식물은 잎과 줄기를 연결하는 부위의 세포들을 단단하게 만들어 체내의 수분과 영양분이 외부로 빠져나가지 못하게 막아요. 이렇게 만들어진 단단한 세포층을 '떨켜'라고 부릅니다. 떨켜가 만들어지면 뿌리에서 흡수된 물이 잎으로 갈 수 없고, 잎에서 만들어진 포도당은 뿌리로 보낼 수 없어요. 이 상태가 지속되면 잎 안에 영양분이 쌓여 상대적으로 산성화되고 수분이 부족해져서 엽록소의 파괴가 일어납니다. 엽록소는 다른 색소들보다 빨리 분해되기 때문에 엽록소가 분해되면 그동안 엽록소 때문에 제 색을 드러내지 못했던 보조 색소들의 색깔이 겉으로 드러나게 됩니다. 노랑, 주황, 빨강처럼 우리가 알고 있는 다채로운 색깔로 잎이 물드는 것이지요. 노란 단풍은 은행나무와 고로쇠나무, 주황 단풍은 사탕단풍과 모과나무, 빨간 단풍은 당단풍과 공작단풍 등에서 볼 수 있어요.

식물을 보호하는 안토시아닌

그런데 보조 색소 중에서도 붉은색을 내는 안토시아닌은 남다른 특성이 있어요. 카로틴과 크산토필이 1년 내내 잎에 존재했다가 드러나는 것과는 달리 단풍의 안토시아닌은 늦여름부터 만들어지기 시작해요. 여러해살이에게는 이때가 겨울을 나기 위한 월동 준비에 에너지를 쏟아야 하는 시기인데도 굳이 새로운 색소를 합성하는 수고를 한다는 게 한동안 수수께끼였어요. 하지만 과학자들의 노력으로 수수께끼가 하나씩 풀립니다. 2003년 미국 몬태나주립대학교 연구진은 안토시아닌의 생성이 억제된 잎일수록 자외선에 쉽게 손상된다는 결과를 발표했어요. 엽록소가 파괴되면 자외선과 지나치게 생성된 활성 산소 때문에 나무가 손상되는데, 이때 안토시아닌이 잎이 햇빛에 과다하게 노출되지 않게 해주고, 항산화 작용으로 나무를 보호한다고 해요.

안토시아닌이 다른 식물들의 생장을 방해한다는 연구 결과도 2005년 미국 콜게이트대학교 프레이 박사 연구 팀에 의해 발표되었어요. 상추 씨앗 위에 여러 가지 색깔의 잎을 뿌리고, 상추씨가 발아하는 정도를 비교한 결과, 붉은 단풍나무 잎을 얹은 상추씨의 발아율이 가장 낮게 나타난 거예요. 연구 팀은 떨어진 단풍잎에서 다른 식물의 생장을 막는 성분이 분비되어 땅에 스며들었기 때문에 이러한 현상이 일어났고, 원인이 된 성분이 바로 안토시아닌인 것으로 추정했어요. 식물은 동물처럼 이동하거나 이주해서 적이나 다른 종과의 경쟁을 피할 수 없기 때문에 해로운 화학 물질을 분비하는 방식으로 주변의 다른 식물의 생장을 방해하는 '타감 작용'을 하는데, 안토시아닌이 타감 물질 역할을 하는 것이지요. 이 연구 결과 붉은 단풍나무 근처에서는 다른 식물들이 살지 못하는 현상을 설명할 수 있어요. 또 2008년 영국 임페리얼대학교 연구 팀에 따르면 안토시아닌은 해충을 퇴치하는 작용도 한다고 해요. 붉은색 잎과 노란색 잎에 진딧물이 얼마나 모여드는지 비교해 보니, 노란색 잎에 모인 진딧물이 6배 많았다고 합니다. 보통 야생에서 붉은색은 독이 있다는 신호로 받아들여지기 때문에 진딧물이 붉은색 잎보다는 노란색 잎으로 더 많이 모여들었던 거예요.

점점 늦어지는 단풍 드는 날짜

안토시아닌은 안토시아니딘이라는 기본 화학구조에 당이 붙어 있는 형태예요. 그렇기 때문에 세포에 당이 많을수록 안토시아닌이 더 많이 합성됩니다. 식물에서 만들어진 안토시아닌은 식물 세포 내부의 '액포'라는 주머니에 보관되지요. 따라서 광합성이 잘 일어나서 포도당이 많이 만들어진 잎일수록 붉은색도 더욱 진하게 나타나요. 단풍이 진하고 선명하게 들기 위해서는 먼저 낮아진 기온으로 떨켜가 형성되어 잎에서 만들어진 포도당이 다른 곳으로 가지 못하고 잎에 머물러 있어야 하고, 낮에는 일조량이 많고 건조한 날씨가 지속되어 잎 속의 당 농도가 진해져야 해요. 다시 말해 낮과 밤의 일교차가 크고 맑은 가을 날씨가 오래 지속되어야 하죠. 또한 엽록소는 추워질수록 더 빨리 사라지기 때문에 우리나라에서는 상대적으로 고도가 높은 산간 지방이나 북쪽에 있는 지방처럼 먼저 추워지는 지역일수록 단풍이 더 빨리 시작되는 것을 볼 수 있어요. 하지만 기후 변화로 인해 가을이 오는 시기가 늦춰지거나 미세 먼지로 일조량이 줄어드는 등 예기치 못한 환경 변화가 일어나면 잎에 저장되는 당이 적어지고, 안토시아닌 합성량이 줄어들기 때문에 진한 단풍을 보는 것이 점점 더 어려워질 수 있어요. 실제로 2018년에 발표된 연구에 따르면 약 12제곱킬로미터의 숲의 단풍을 18년 동안 관측한 결과 단풍이 드는 시기가 약 5일 지연된 것으로 나타났습니다. 또한 2099년까지의 기후 변화를 예측해 봤더니 지구 온난화가 천천히 진행된다면, 단풍 드는 시기가 현재보다 약 1주, 가속화될 경우 약 3주나 늦어질 것이라는 결과가 나왔다고 해요.

단풍이 늦게 든다는 것은 그만큼 나무의 생장 주기에도 변화가 생긴다는 의미예요. 나무의 변화는 결국 주변의 다른 생물들은 물론 인간과 전체 생태계에도 영향을 줄 거예요. 우리가 기후 변화에 관심을 기울여야 하는 중요한 이유랍니다.

단풍놀이

우리나라 사람들은 예로부터 봄에는 꽃놀이, 가을에는 단풍놀이를 즐겼어요. 예전에는 국화로 화전을 만들어 먹거나 시를 짓기도 하고 풍월을 읊기도 했다고 하는데, 현재는 민속놀이로서의 의미보다는 나들이의 형태로 단풍을 감상하곤 해요. 특히 단풍을 만드는 낙엽수 종류가 많아서 단풍이 든 산이나 계곡을 찾아 아름다운 경치를 감상하지요. 우리나라의 단풍 명소로는 내장산, 소요산, 설악산을 꼽을 수 있고, 서울의 북한산과 도봉산도 빼어난 경치와 단풍을 즐길 수 있는 곳으로 손꼽힌답니다.

가을의 내장산 국립공원

추운 곳에 사는
친척이 더 클까요?

호랑이의
크기

호랑이는 옛날부터 단군 신화를 비롯해 『삼국유사』나 『조선왕조실록』 등 역사 문헌에 등장했고, 수많은 전래 동화나 구전 설화에도 자주 이름을 올린 친숙한 동물이에요. 우리나라 고궁 등 유적지에서는 호랑이를 형상화한 조각상이나 그림을 쉽게 찾아볼 수 있고, 전국 각지에 호랑이와 관련된 지명도 많다고 해요.

1988년 우리나라에서 열렸던 서울 올림픽 대회의 마스코트 '호돌이'와 2018년 평창 동계 올림픽 대회 마스코트 '수호랑'도 바로 호랑이입니다. 조선 시대까지만 해도 우리나라에는 야생 호랑이가 살았었고 이따금 호랑이를 사냥했다는 기록도 찾아볼 수 있어요. 과거 야생 호랑이는 우리나라뿐만 아니라 시베리아부터 아시아 전역에 걸쳐 살았습니다.

호돌이 수호랑

알고 보니 모두 친척 관계

  호랑이는 현재 살아 있는 포유류 중에서도 식육목 고양잇과에 속하는 가장 큰 동물이에요. 고양잇과에 속하는 다른 동물로는 사자, 표범, 치타, 재규어, 고양이 등이 있어요. 그중에서도 호랑이는 몸에 검은 줄무늬가 있고, 귓등에 크고 하얀 점이 있는 것이 특징이에요. 다른 동물을 사냥하는 육식 동물답게 크고 강한 턱과 긴 송곳니, 날카로운 발톱을 가지고 있지요.

  현재까지 발견된 호랑이는 모두 판테라 티그리스(*Panthera tigris*)라는 학명을 가진 한 종이지만, 사는 지역에 따라 여러 개의 '아종'으로 구분할 수 있어요. 각 아종은 몸집과 줄무늬 등의 외형적 특징으로 구분했는데, 분류가 명확하지 않아 학자마다 차이가 있었다고 해요. 그런데 2018년 중국 베이징대학교 연구 팀이 대표성을 갖는 호랑이 32개체의 DNA를 분석해 호랑이의 아종은 모두 9개이고, 그중 3개 아종은 이미 멸종했다는 것을 밝혀냈어요. 현존하는 호랑이는 수마트라호랑이, 인도호랑이, 시베리아호랑이, 말레이호랑이, 아모이호랑이, 인도차이나호랑이이고, 사라진 아종은 발리호랑이, 자바호랑이, 카스피호랑이입니다. 연구 팀은 각 아종의 전체 유전자를 비교했어요. 그 결과, 현존 호랑이는 대부분 11만 년 전에 살았던 호랑이를 공통 조상으로 하는 친척 관계라는 것을 알아냈어요. 하지만 어디에 사느냐에 따라 몸집 크기나 생존에 밀접하게 관련이 있는 일부 유전자 변이에 차이가 있었어요. 각 서식지 환경에 가장 잘 적응한 개체가 살아남아 번식에 성공하고 진화했기 때문이지요.

따뜻한 곳에 사는 호랑이가 더 작아요 : 베르크만의 법칙

호랑이는 사는 지역이 추울수록 체격이 크고 따뜻할수록 체구가 작았어요. 예를 들어, 가장 추운 지역에 사는 시베리아호랑이는 수컷을 기준으로 몸길이가 평균 2.7~3.3미터이고, 몸무게는 평균 180~370킬로그램으로 다른 아종과 비교해 몸집이 컸어요. 반면 따뜻한 남쪽 지역인 인도네시아 수마트라섬에 사는 수마트라호랑이 수컷의 평균 몸길이는 2.5미터, 평균 몸무게는 75~140킬로그램이었죠.

그런데 이러한 경향은 호랑이뿐 아니라 체온을 일정하게 유지하며 살아가는 다른 정온 동물에서도 관찰되었어요. 중국 연구팀의 호랑이 DNA 분석 결과에 앞서 이러한 사실을 발견해 낸 학자가 있습니다.

1847년 독일의 생물학자 카를 베르크만(1814~1865)은 "같거나 가까운 종 사이에서는 일반적으로 추운 지방에 사는 동물일수록 체구가 커지는 경향이 있다"라고 주장했어요. 이를 '베르크만의 법칙(Bergmann's Rule)'이라고 해요. 추운 지역에 사는 동물이 체온을 일정하게 유지하려면 몸 밖으로 빠져나가는 열 손실을 최대한 줄여야 해요. 열 발산은 몸의 표면에서 일어나는데, 표면적이 작을수록 열 발산량은 줄어들지요. 이 법칙을 적용하면 시베리아 호랑이의 몸집이 큰 까닭을 알 수 있어요. 동물의 몸집이 커지면 몸 전체 표면적이 늘어나는 것처럼 보이지만, 오히려 몸의 부피 대비 표면적 비율은 낮다는 사실을 알아야 해요. 예를 들어볼게요. 한 변의 길이가 1센티미터인 정육면체가 있어요. 이 정육면체의 변의 길이가 2배 늘어나 2센티미터가 된다면 부피는 8배가 느는 반면, 총 표면적은 처음 정육면체의 4배밖에 늘지 않아요. 따라서 몸집을 키울수록 체온 유지에 필요한 열을 덜 빼앗겨서 생존에 유리하답니다.

이 법칙은 펭귄에게도 적용돼요. 섭씨 영하 19도 남극에 사는 황제펭귄은 몸길이가 약 120센티미터에 몸무게는 40킬로그램이에요. 하지만 평균 기온이 섭씨 24도인 갈라파고스섬에 사는 갈라파고스펭귄의 몸길이는 약 50센티미터에 몸무게는 2킬로그램밖에 되지 않아요. 두 지역의 중간쯤 되는 지점에 있는 남아메리카 남단(평균 기온 섭씨 8도)에 서식하는 마젤란펭귄은 약 70센티미터 크기에 몸무게는 5킬로그램이랍니다.

호랑이의 서식지

시베리아호랑이(중국, 러시아, 북한)

아모이호랑이(남중국)

인도차이나호랑이(태국, 미얀마)

인도호랑이(인도, 네팔 등)

말레이호랑이(말레이시아)

수마트라호랑이(인도네시아 수마트라섬)

수마트라호랑이
평균 몸길이(수컷):
2.5미터
평균 몸무게(수컷):
75~140킬로그램

시베리아호랑이
평균 몸길이(수컷):
2.7~3.3미터
평균 몸무게(수컷):
180~370킬로그램

서식지에 따라 몸의 말단 부위도 달라져요 : 앨런의 법칙

온도와 생물의 몸 크기 간의 관계를 설명하는 또 다른 법칙이 있어요. 1877년 영국의 생물학자 조엘 앨런(1838~1921)은 추운 곳에 사는 정온 동물은 따뜻한 지역에 사는 개체들보다 귀나 코, 팔, 다리 등 몸의 말단 부위의 크기가 작다는 내용을 담은 '앨런의 법칙(Allen's rule)'을 발표했어요. 추운 곳에 사는 동물일수록 몸의 표면적 비율을 낮추어 열 손실을 줄이는 것이 체온 유지에 유리하겠죠. 그래서 상대적으로 몸의 말단 부위가 작고 짧아진다는 거예요. 반대로 더운 곳에 사는 동물은 열 발산을 많이 하기 위해 말단 부위의 크기가 커지는 거죠.

대표적인 동물로 여우를 꼽을 수 있어요. 더운 사막 지역에 사는 사막여우는 몸통 길이의 절반에 이를 정도로 큰 귀를 가지고 있어요. 주둥이와 다리 역시 긴 것이 특징이죠. 평균 몸길이는 24~41센티미터이고, 몸무게는 0.68~1.6킬로그램이랍니다. 반면 북극여우의 귀는 매우 작아요. 털로 덮여 있어 열 손실을 줄일 수 있는 구조죠. 주둥이와 다리도 뭉툭하고 짧아서 체온 유지에 도움이 됩니다. 북극여우는 몸길이가 70~100센티미터, 몸무게는 5~10킬로그램으로 사막여우와 비교해 몸집이 큰 편이에요.

사람도 유럽 내에서 상대적으로 추운 지역인 북유럽과 동유럽 사람들의 평균 키가 더 크고, 아시아 지역에서도 남동쪽보다는 북아시아에 사는 사람들이 평균적으로 더 크다고 알려져 있습니다. 하지만 이 법칙을 사람에게 적용하는 건 한계가 있어요. 야생에 사는 동물은 환경이 신체에 끼치는 영향이 절대적이지만, 사람은 문명을 발달시키며 스스로 환경 요인을 변화시키니까요. 의식주와 생활 방식 또한 신체 발달에 큰 영향을 준답니다.

정보 더하기! 변온 동물과 정온 동물

변온 동물은 체온을 일정하게 유지하는 체내 시스템이 없어서 주변 온도에 따라 체온이 변해요. 기온이 너무 높거나 낮아지면 활동에 제약을 받을 수밖에 없습니다. 일교차가 큰 지역에 사는 변온 동물인 도마뱀이나 이구아나는 이른 아침 햇볕을 쬐어 체온을 높이고, 볕이 뜨거워지는 한낮에는 그늘을 찾아 몸을 식혀요. 개구리와 뱀이 겨울잠을 자는 것도 온도 변화가 상대적으로 적은 장소에 머무르면서 체내 대사량을 낮춰 추위에 버티기 위한 생존 전략이에요. 따라서 변온 동물은 살 수 있는 지역이 제한적일 수밖에 없어요.

2. 우리 몸의 신비를 밝혀주는 의학

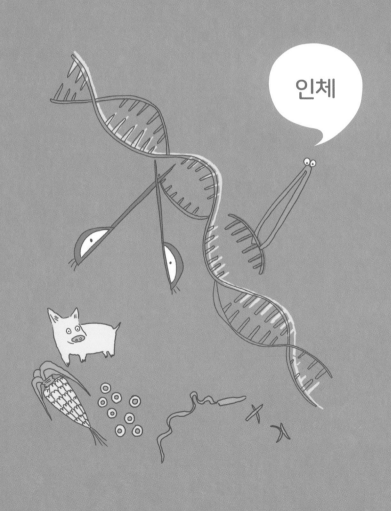

인체

자외선을 막아주는
흑갈색 방패

멜라닌
색소

여름 하면 떠오르는 것 중에서 뜨겁고 밝은 태양이 빠질 수 없지요. 장마나 태풍이 이어지는 기간에는 쨍쨍한 해가 반갑기도 하고요. 하지만 강렬하게 내리쬐는 햇볕 아래 너무 오래 있으면 피부가 금방 까맣게 타는 것을 볼 수 있어요. 아마 여러분도 여름 방학이 지나고서 친구의 얼굴이 새까맣게 탄 걸 본 적이 있을 거예요. 대체 사람의 피부가 타는 현상은 어떻게 일어나는 것일까요?

표피와 진피 사이에 있는 멜라닌

태양이 지구에 끼치는 영향은 절대적이라고 할 수 있어요. 지구에 생명체가 살기 시작한 건 태양과 밀접한 관련이 있으니까요. 공룡보다도 훨씬 더 오래전에 지구에 나타난 '시아노박테리아'는 햇빛을 이용해 광합성을 했어요. 광합성의 결과 배출된 산소는 생물이 지금처럼 다양해지는 데 결정적인 역할을 했어요.

햇빛이라고 하면 보통 밝은 빛을 먼저 떠올리지만 사실 지구로 오는 태양 에너지는 눈에 보이는 가시광선뿐 아니라 적외선, 자외선, 전파, 엑스(X)선, 감마(γ)선 등 다양한 전자기파로 이루어져 있어요. 그중 몸의 피부가 타는 현상은 자외선과 관련이 있습니다.

사람의 피부는 가장 바깥쪽부터 표피, 진피, 피하 조직으로 구성되어 있어요. 표피에는 각질층이 있어서 단단하게 굳어진 죽은 세포들이 몸을 보호해 주고 시간이 지나면 떨어져 나가지요. 진피는 세포들이 두껍게 층을 이루고 있는 부분인데요. 혈관이 발달해 있어서 피부 세포에 양분을 공급하고 체온 조절에도 관여한답니다. 땀샘과 피지샘과 같은 외분비샘도 진피에 있어요. 그리고 피하 조직에는 세포질 내에 지방을 축적한 지방 세포들과 혈관이 있습니다.

표피의 가장 안쪽이면서 진피와 만나는 부분에 한 층의 세포로 된 기저층이 있어요. 이 기저층에 멜라닌을 만드는 색소 형성 세포인 멜라노사이트가 들어 있답니다.

자외선에 노출되면 더 많은 멜라닌 생성

멜라닌은 흑갈색을 띤 색소로, 사람의 피부, 모발, 망막, 신경계 등 다양한 곳에 존재해요. 색소 형성 세포가 멜라닌을 많이 합성하느냐 적게 합성하느냐에 따라 피부 색깔이 진해지거나 옅어집니다. 이때 색소 형성 세포를 자극해 멜라닌을 증가시키는 대표적인 원인이 자외선이에요. 자외선은 DNA에 손상을 주어 생명체에 돌연변이를 유발하지요. 이 원리를 이용해서 살균 소독을 하기도 하지만, 사람이 강한 자외선에 지나치게 노출되면 위험해질 수 있어요. 피부암이나 백내장의 주요 원인도 자외선이랍니다.

멜라닌 색소는 우리 몸에 들어오는 자외선을 흡수해서 열에너지로 전환하거나, 산란 또는 반사해 피부에 들어오는 자외선의 침투를 차단해서 우리 몸을 보호해 줘요. 따라서 자외선에 노출되면 세포를 보호하기 위해 멜라닌 색소가 평소보다 더 많이 생성돼요. 그 결과, 피부가 검게 변하는 것이지요. 시간이 지나면 각질층의 오래된 세포들은 몸에서 떨어져 나가고 자외선에 자극받지 않은 세포가 기저층에서 만들어져서 표피로 올라옵니다. 그래서 60일 정도 지나면 까매진 피부가 원래대로 돌아온다고 해요. 물론 계속해서 강한 자외선을 받으면 회복은 더 오래 걸리겠지요.

멜라닌으로 병을 진단해요

홍미로운 사실은 멜라닌이 우리의 뇌 속에서 신경 세포를 보호해 주는 역할을 한다는 거예요. 우리 중뇌 속 흑색질 부위에는 골격 근육의 움직임에 관련된 신경 세포들이 많이 모여 있는데, 이곳에서 신경 세포들 사이에 신호를 전달하는 홍분성 신경 전달물질인 도파민(dopamine)이 분비되지요. 도파민이 분비될 때 멜라닌이 함께 만들어져서 신경 세포 안에 축적되기 때문에 뇌의 흑색질이 짙은 색을 띱니다.

그런데 손발이 떨리거나 보행에 어려움을 겪는 파킨슨병 환자는 신경 세포가 손상되어 도파민 분비량이 부족하기 때문에 멜라닌의 양이 적어요. 거꾸로 조현병 환자는 도파민이 과다 분비되기 때문에 멜라닌의 양이 많이 검출된답니다. 그래서 2019년 미국 컬럼비아대학교 의과대학 연구 팀은 신경계의 멜라닌 양을 관찰해서 파킨슨병을 진단하는 방법을 생각해 내고, 이 연구 결과를 미국 국립과학원을 통해 발표했어요. 뇌 속 멜라닌의 양을 측정해서 파킨슨병 진단이나 조현병 진단에 이용할 수 있다는 뜻입니다.

멜라닌 색소와 관련해 재미있는 연구도 있어요. 미국 펜실베이니아주립대학교 연구 팀은 2005년 제브러피시(zebrafish)라는 물고기에 관해 연구했어요. 제브러피시는 생물학 연구에 널리 이용되는 물고기인데, 몸에 얼룩말 같은 줄무늬가 있는 것이 특징이에요. 야생 상태의 줄무늬는 진한 검은색이지만, 특정 유전자가 돌연변이를 일으킨 물고기의 줄무늬는 매우 엷은 색을 띤다고 해요.

그런데 이 돌연변이 물고기의 줄무늬를 현미경으로 관찰해 보았더니 멜라닌 세포의 크기가 야생형보다 작고 수도 적었어요. 연구 팀은 제브러피시에서 돌연변이를 일으킨 유전자를 분리한 다음 이 유전자가 사람의 피부를 밝게 해주는 특정 유전자 돌연변이와 유사하다는 것을 알아냈어요. 또 이 유전자가 아프리카와 유럽인 간 피부색 차이를 설명해 준다는 것도 밝혀냈답니다.

정보 더하기! 멜라닌 부족한 백색증

백색증은 멜라닌을 만드는 세포에서 멜라닌 합성이 이뤄지지 않는 유전 질환이에요. 피부, 모발, 눈에 존재하는 멜라닌 결핍이 대표 증상이지요. 백색증이 있는 동물들은 햇볕으로부터 피부를 보호하기 어렵고 보호색도 띨 수 없어서 야생에서 살아남기 힘들다고 해요.

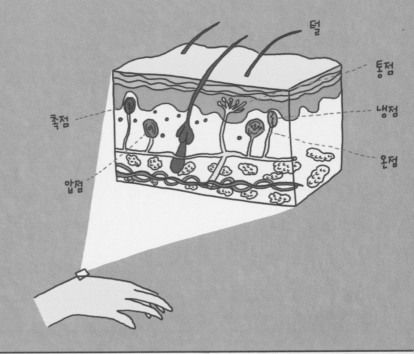

덜

통점

냉점

온점

촉점

압점

매운 음식을 먹으면
땀이 나는 이유

아침저녁으로 선선한 공기가 감도는 가을이 되면 우리는 몸을 스치는 서늘한 바람을 느낄 수 있어요. 이렇게 차가워진 바람을 통해 계절의 변화를 느낄 수 있지요. 인간은 어떻게 눈에 보이지도 않는 바람을 느끼고, 온도 변화까지 감지해 내는 것일까요?

생물이 외부와 소통하는 감각

외부의 자극을 감지하고 그것에 적절하게 반응하는 건 인간을 포함한 모든 생물이 갖는 중요한 특성입니다. 환경 변화를 알아채고 적절히 대응해야 안전하게 살아남을 수 있으니까요. 태양이 너무 뜨겁거나 비가 오면 피하고, 포식자의 기척을 느끼면 도망가거나 방어 태세를 갖추고, 길을 걷다가 빨간 신호등을 보면 멈추고, 갑자기 얼굴을 향해 공이 날아오면 피하기도 합니다. 뜨거운 물에 손이 닿으면 "앗, 뜨거워!"라는 말과 함께 순간적으로 손을 떼고, 뾰족한 것을 밟으면 발을 번쩍 들게 되기도 해요. 이렇게 할 수 있는 이유는 생물의 몸에 내외부의 자극을 감지하고, 신경계로 전달하는 감각 기관 또는 감각 세포가 있기 때문입니다.

사람은 눈, 귀, 코, 혀, 피부 등 감각 기관으로 시각, 청각, 후각, 미각, 피부 감각 등을 받아들여요. 감각 기관마다 받아들이는 자극의 종류는 다르지만, 이 자극을 전기 신호(+나 −를 띤 이온들의 흐름)로 변환해 신경계로 전달하는 건 같아요.

후각 자극을 예로 들어볼게요. 기체 상태의 화학 물질이 공기 중을 떠다니다 콧속으로 들어오면 콧구멍을 지나 코 천장에 있는 후각 상피(겉껍질)에 도달해요. 화학 물질은 후각 상피의 끈적한 점액질에 달라붙은 뒤 녹아들어 안쪽 후각 세포를 자극하는데, 세포 표면 수용체가 이 자극을 인지하고 전기 신호로 변환해 후각 신경을 거쳐 대뇌까지 전달해요. 그럼 우리는 최종적으로 냄새를 맡게 됩니다.

외부의 자극은 화학물질이나 소리, 시각 자극 등 다양하지만, 생물의 신경계는 전기 화학 신호를 통해서만 정보를 전달하지요. 그렇기 때문에 사람이 어떤 자극을 느낀다는 것은 체내에 그것을 인식하고 전기적인 신호로 바꿔주는 감각 수용체가 있다는 의미이기도 해요. 이처럼 감각은 생물이 외부와 소통하는 기본적이고도 중요한 생리 현상이기 때문에 인간이 자극을 감지하고 반응하는 원리는 과학계의 오랜 연구 주제였어요. 그래서 눈에 시각이 전달되는 과정(1967년), 시각 정보 처리 과정(1981년), 후각 기관과 후각 수용체(2004년)를 연구한 연구자들이 역대 노벨 생리의학상을 수상했었지요. 그리고 2021년 노벨 생리의학상은 피부에서 자극을 감지하는 원리를 밝혀낸 미국 샌프란시스코 캘리포니아대학교의 데이비드 줄리어스(David Julius) 교수와 하워드휴의학연구소의 아뎀 파타푸티언(Ardem Patapoutian) 박사에게 돌아갔어요.

가장 많은 통점, 가장 적은 온점

그렇다면 피부는 어떻게 감각을 알까요? 피부는 촉각, 통각, 온각, 냉각, 압각 등 자극을 느껴요. 이런 감각을 받아들이는 수용체가 피부에 점 모양으로 분포하기 때문에 '감각점'이라고 하지요.

피부 부위에 따라 분포하는 감각점 종류와 수가 다른데, 감각점이 많이 분포할수록 해당 감각을 더 예민하게 느껴요. 예를 들어 우리는 손톱이나 발톱, 머리카락을 잘라도 전혀 아프지 않아요. 손톱, 발톱, 머리카락에는 감각점이 없기 때문이에요. 반면, 물체가 닿는 것을 느끼는 '촉점(觸點: 압각을 느끼게 하는 점 모양의 감각 부위)'은 손가락 끝과 입술 등에 많이 분포하고, 등이나 허벅지, 엉덩이 등에는 상대적으로 적게 분포한다고 해요. 시각 장애인들이 손가락 끝으로 점자를 인식할 수 있는 것도 손가락 끝에 촉점이 많은 덕분이지요. 손가락 끝에는 아픔을 느끼는 통점도 많아서 다른 부위와 비교해 상처 등에 예민하다고 합니다.

우리 몸 전체엔 평균적으로 1제곱센티미터당 통점이 100~200개, 압점이 25개, 냉점이 6~23개, 온점이 0~3개씩 존재해요. 온점보다 냉점이 더 많아서 보통 더위보다 추위에 더 민감하게 반응하지요. 하지만 어느 자극이든 강도가 너무 세면 '통각'으로 인식한다고 해요. 지나치게 차가운 물에 손을 넣으면 아프다고 느껴지는 것도 그 때문이지요.

온도가 올라가는 것과 내려가는 것을 감지하는 온점과 냉점은 절대 온도가 아니라 상대적 온도 변화를 감지합니다. 예를 들어, 오른손은 섭씨 40도 물에, 왼손은 섭씨 5도 물에 넣었다가 빼서

동시에 섭씨 20도 물에 넣으면 오른손은 차갑게, 왼손은 따뜻하게 느끼는 거죠.

이런 피부 감각은 임신 8주 차 태아 시기에 형성될 정도로 다른 감각들보다 일찍 발달합니다. 그 이후 엄마 배 속에 있는 태아를 초음파로 찍어보면 손가락을 빨고 있을 때가 있는데, 이것을 통해 이미 '촉각'이 발달했다는 걸 알 수 있어요.

매운 걸 먹으면 땀이 나는 이유

엄청나게 매운 걸 먹었을 때 혀뿐만이 아니라 입술과 그 주변까지 화끈거릴 정도로 열과 땀이 나고 아팠던 경험이 있나요? 올해 노벨 생리의학상을 수상한 줄리어스 교수는 고추를 먹거나 만졌을 때 통증과 열이 느껴지는 이유에 대해 연구했어요.

그 이유는 바로 우리 몸에 있는 감각 수용체 'TRPV1' 때문이었어요. TRPV1은 열과 압력을 감지하는 수용체로, 섭씨 43도가 넘어가면 '뜨겁다'고 인식해요. 그런데 캡사이신과 결합하면 온도와 상관없이 활성화되어 뇌에 '뜨겁다'는 전기 신호를 전달하고, 우리는 뜨거움과 통증을 느끼게 되는 것이라고 합니다. 열을 식히기 위해 땀도 배출하는 것이고요.

남이 간지럽히면 왜 더 간지러울까요?

'간지러움'은 과거엔 통각의 일종이라고 여겨졌지만, 1990년 척수 손상으로 통증을 못 느끼는 환자들도 간지러움을 느낀다는 연구가 발표된 이후 촉각과 통각의 혼합 등으로 추정되고 있을 뿐 아직 확실하게 밝혀지진 않았어요.

그렇다면 자기가 스스로 겨드랑이나 발바닥을 간지럽힐 때보다 남이 간지럽힐 때 더 간지러운 이유는 뭘까요? 스스로 간지럽히는 것은 예측이 가능하지만, 남이 간지럽힐 때는 어디를, 어떻게, 얼마나 오래 간지럽힐지 예측할 수 없기 때문이라고 합니다.

캡사이신은 고추에서 매운맛을 내는 성분이에요. 고추씨에 가장 많이 들어 있고, 일부는 껍질에도 있지요. 인간을 포함한 포유류는 캡사이신을 먹으면 통증을 느껴요. 통각 세포에 캡사이신에 반응하는 부위가 있어서 이 부위가 보내는 신호가 대뇌에 전달되면 아프다는 느낌을 유발하지요. 고추즙이 살갗에 닿으면 따가운 통증을 느끼는 것도 이 때문이에요.

고추가 캡사이신을 만든 이유는 무엇일까요? 포유류는 소화 과정에서 고추를 분해하지만, 새는 고추를 씹지 않고 삼키는 데다가 장의 길이도 짧아 고추씨를 온전히 배 속에 보관할 수 있어요. 그래서 새의 배설물을 통해 고추씨가 널리 퍼질 수 있대요. 실제로 조류는 캡사이신의 매운맛을 느끼지 못한답니다.

고추와 고추씨

혈액형을 바꾸는
장 속 미생물

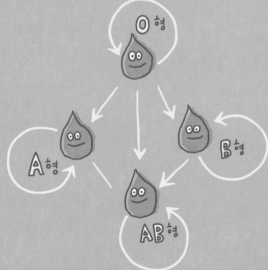

혈액형

　여러분의 혈액형은 무엇인가요? 혈액형은 사람마다 다르고, 가족이나 친척 사이에도 혈액형이 다를 수 있어요. 우리의 혈액형은 태어나기 전부터 결정되고, 사람들은 대부분 평생 같은 혈액형으로 살아가지요.

　그런데 2017년 세계적인 학술지인 《네이처 마이크로바이올로지》에 캐나다 브리티시컬럼비아대학교 스티븐 위더스 교수 연구 팀이 A형 혈액을 어떤 혈액형에도 수혈해 줄 수 있는 O형으로 바꾸는 신기술을 발표했어요. 이런 일이 어떻게 가능한 걸까요?

사람의 혈액형

사람의 혈액형을 구분하는 30가지가 넘는 방식의 분류법이 있지만, A형, B형, O형, AB형의 네 종류로 구분하는 'ABO식 혈액형'과 'Rh식 혈액형'을 주로 씁니다. ABO식 혈액형을 처음으로 분류한 사람은 오스트리아의 병리학자 카를 란트슈타이너(1868~1943)예요. 란트슈타이너는 서로 다른 사람의 혈액이 섞였을 때 어떤 경우에는 적혈구가 서로 뭉쳐서 덩어리가 되는 현상(응집)을 발견했어요. 이를 계기로 란트슈타이너는 1901년 사람의 혈액형을 지금의 A형, B형, O형(당시에는 C형으로 발표)으로 분류했고, 이듬해 그의 제자들이 AB형도 밝혀냈죠. 이러한 공로를 인정받아 1930년에 그는 노벨 생리의학상을 받았어요. 이후 연구를 계속한 란트슈타이너는 1940년에 Rh식 혈액형도 공동 발견했어요. Rh식 혈액형의 종류에는 Rh+형과 Rh-형이 있답니다.

ABO식 혈액형은 수혈 과정에서 꼭 필요해 자주 쓰여요. 혈액이 부족한 환자에게 다른 사람의 혈액을 주입해 치료하는 방법을 수혈이라고 하는데, 안전한 수혈을 위해서는 환자의 혈액형과 수혈하는 피의 ABO 혈액형을 반드시 확인해야 해요. 어떤 혈액형을 수혈했는지에 따라 환자의 생사가 달라지기도 하니까 굉장히 중요한 문제랍니다.

혈액형에 따라 다른 수혈 관계

서로 다른 혈액형은 무엇이 다를까요? 사람의 피에는 적혈구와 백혈구, 혈소판과 같은 혈구(blood cell) 성분이 45퍼센트이고, 나머지 55퍼센트는 평소에 혈구가 녹아 있는 액체 성분인 혈장(blood plasma)입니다. 그중에서 ABO식 혈액형을 결정하는 중요한 요소는 적혈구 표면에 있는 '응집원'과 혈장에 들어 있는 '응집소'입니다. A, B, AB, O형이 가진 응집원과 응집소는 저마다 달라요.

특정 혈액형의 응집원과 특정 혈액형의 응집소가 만나면 서로 뭉쳐서 피가 엉기는 응집 현상이 일어납니다. 몸 안에서 응집이 대량으로 일어나면 생명이 위험할 수 있어서 수혈할 때 혈액형을 보고 응집이 일어나지 않는 피를 수혈해야 해요. 가장 안전한 방법은 같은 혈액형의 피를 수혈하는 것이지만, 해당 혈액형의 피가 모자랄 때는 응집이 일어나지 않는 혈액형의 피를 수혈합니다.

A형과 B형은 O형으로부터, AB형은 A형, B형, O형 모두로부터 수혈받을 수 있어요. 반면에 AB형의 피를 다른 혈액형을 가진 사람 몸에 수혈하면 모두 응집 반응이 생겨요. O형은 모든 혈액형의 사람들에게 수혈해 줄 수 있지만, 다른 혈액형의 피는 받아들이지 못합니다. 그래서 긴급 상황에서 환자의 혈액형을 모를 때에는 일단 O형 혈액을 수혈한다고 해요.

A형 혈액으로 O형 혈액 만들기

수혈용 혈액은 헌혈을 통해 구해요. 그렇지만 네 종류나 되는 혈액을 늘 충분히 확보하고 있기란 어려워요. 그래서 과학자들은 A형 피를 어떤 혈액형에도 수혈이 가능한 O형 혈액처럼 만드는 법을 연구해 왔어요. 우리나라에서는 A형이 30퍼센트가 넘을 정도로 가장 흔하니까 A형 혈액을 O형으로 만들면 큰 도움이 되겠죠. 대부분의 나라에서 A형과 O형을 합치면 전체 혈액의 50퍼센트가 넘어가기 때문에 이 기술이 개발되면 수혈할 피를 구하기 쉬워질 테니까요. 과학자들은 A형 적혈구 표면의 응집원에서 A형을 결정하는 탄수화물 성분인 '당'을 제거하면 O형 혈액이 된다는 것을 알아냈지요. 그러나 A형 혈액에서 이 당을 모두 제거하기는 어려웠어요. 그런데 앞에서 얘기한 스티븐 위더스 교수 연구 팀이 이전보다 효과적으로 A형 적혈구의 당을 제거하는 방법을 내놨어요. 사람의 위장, 소장, 대장 안에는 적혈구 표면에서 'A형을 결정하는 당'과 비슷한 당인 뮤신을 먹이로 삼는 미생물이 있어요. 이 미생물은 뮤신을 먹고 몸속 효소로 이를 소화시키죠. 그래서 연구 팀은 이 효소로 A형 적혈구의 당도 분해할 수 있을 거라고 생각했답니다.

또한 연구 팀은 사람 대변에서 이 효소를 추출했습니다. A형 혈액에 이 효소를 넣자 A형을 결정하는 당이 분해되었어요. A형 혈액이 누구에게나 수혈할 수 있는 O형 혈액처럼 바뀐 거지요. 실제로 쓰이기까지는 조금 더 연구가 필요하지만, 혈액형을 바꿀 수 있는 가능성이 커졌답니다.

혈액형의 유전

혈액형은 유전적으로 결정됩니다. 사람은 일반적으로 ABO식 혈액형을
결정하는 한 쌍의 대립유전자를 가지고 있어요. A형인 사람은 AA 또는
AO, B형은 BB 또는 BO, O형은 OO, AB형은 AB를 가지고 있지요. 이걸 보면
A, B는 우성, O는 열성이라는 걸 알 수 있습니다.
자손은 엄마와 아빠가 가진 대립 유전자 중 각각 한 종류씩 물려받아요.
그 조합으로 혈액형이 정해지죠. 예를 들어 아빠가 AO를 가진 A형이고,
엄마가 OO를 가진 O형이면 아빠는 자녀에게 A 또는 O를, 엄마는
자녀에게 O만을 물려주기 때문에 자녀의 혈액형은 AO인 A형이거나 OO인
O형이 된답니다.

	AA	AO
BB	AB	B, AB
BO	A, AB	A, B, O, AB

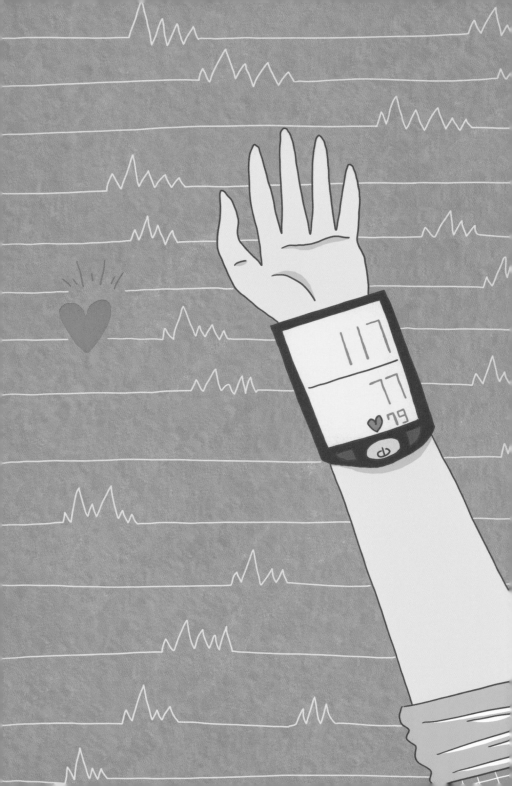

이제는 스마트 기기로도
잴 수 있어요

혈압

    5월은 1일 근로자의 날을 시작으로 5일 어린이날, 8일 어버이날, 19일 발명의 날, 20일 세계 측정의 날 등 다양한 기념일들이 있어요. 기념일이 많은 달이니만큼 '가정의 달', '청소년의 달' 등 별칭이 많은 달이기도 해요. 그런데 2017년부터 새로운 별칭이 하나 더 생겨서 이어져 오고 있습니다. 5월 17일이 세계 고혈압의 날인 것을 기념해 5월을 '혈압 측정의 달'로 지정한 것이지요. 특히 2020년에는 '젊은 고혈압을 찾아라'라는 주제로 대한고혈압학회와 질병관리본부가 함께 혈압 측정 캠페인(May Measurement Month, MMM)을 진행했어요. 그럼 혈압과 혈압계의 원리를 알아보도록 해요.

혈액이 혈관에 가하는 압력

심장은 스스로 전기를 만들어 주기적으로 수축하고 이완하는 심장 박동을 일으킬 수 있어요. 심장이 이완할 때 폐에서 산소를 공급받은 혈액이 심장으로 들어오면 심장이 수축하면서 혈액이 뿜어져 온몸 구석구석으로 보내지지요. 근육질의 심장은 끊임없이 수축과 이완을 반복하는데, 일반적인 성인의 경우 안정된 상태에서 분당 70~80번, 하루에 10만 번 정도 박동해요. 손목이나 목에서도 맥박(심장 박동에 따른 동맥 혈관 벽의 파동)을 느낄 수 있습니다. 심장이 뛰는 걸 느낄 수 있는 거죠. 심장이 이완할 때 폐에서 산소를 공급받은 혈액이 심장으로 들어오고, 심장이 수축할 때 이 혈액이 뿜어져 나와 혈관을 타고 온몸 구석구석으로 보내져요.

심장과 혈관 상태가 어떤지 정확하게 알기 위해서 심장에서 뿜어진 혈액이 혈관을 통해 이동할 때 동맥 혈관 벽에 가하는 압력을 측정하는데 이것이 바로 '혈압'입니다. 심장이 수축할 때 벽에 가해지는 압력이 가장 크기 때문에 최고 혈압이 나타나고, 이완할 때 최저 혈압이 측정돼요. 성인의 경우 일반적으로 수축기 혈압 120mmHg(수은주밀리미터) 미만, 이완기 혈압 80mmHg 미만이면 정상 혈압이라고 판단합니다. 혈압이 정상 범위보다 높게 나타나면 고혈압이라고 하고, 낮으면 저혈압이라고 해요.

고혈압은 왜 위험할까요?

그렇다면 혈압이 정상 범위보다 높은 고혈압은 왜 위험한 걸까요? 혈액은 산소와 영양소 등을 싣고 온몸 구석구석을 흐르기 때문에 혈관에 가해지는 압력이 적절한 수준으로 유지되어야 산소와 영양소를 각종 장기로 원활하게 공급할 수 있어요. 하지만 혈액이 혈관 벽을 세게 때리는 현상이 일정 수준 이상 지속되면, 혈관이 손상되거나 심한 경우 터질 수도 있어요. 또 혈액을 내보내는 심장에도 부담이 커져 심장에도 문제가 생길 수 있어요. 뇌졸중, 뇌출혈, 심근경색 등 다양한 질환을 일으킬 수 있는 거지요. 고혈압은 일반적으로 콜레스테롤(지방 성분의 일종)이 혈관에 쌓이거나 비만 등으로 혈관이 좁아지면 생깁니다. 유속이 넓은 수로를 흐를 때는 느리지만, 좁은 관을 흐를 때는 빨라지면서 물이 벽에 가하는 힘도 커진다는 걸 떠올리면 이해하기 쉬워요. 실제로 우리나라 30세 이상 인구의 약 30퍼센트가 고혈압일 정도로 흔한 질환이라고 할 수 있어요.

고혈압을 판단하는 기준은 나라마다 조금씩 달라요. 미국은 최고 혈압 130mmHg, 최저 혈압 80mmHg 이상이면 고혈압으로 정의하고 있지만, 우리나라는 최고 혈압 140mmHg 이상, 최저 혈압 90mmHg 이상을 고혈압이라고 해요.

세계 최초의 혈압계

최초의 혈압계는 1905년 러시아의 군의관이던 코로트코프 (1874~1920)가 발명했습니다. 그는 청진기와 수은 기둥을 이용해서 혈압을 재는 방식을 시도했어요. 팔 윗부분을 감아 동맥을 압박해서 일시적으로 혈액의 흐름을 막았다가 압박을 풀면 혈액이 혈관으로 소용돌이치며 쏟아져 흐르게 되죠. 이때 혈액이 혈관 벽에 부딪히면서 소리를 냅니다.

코로트코프는 이 소리를 청진기로 들으며 혈압을 측정했어요. 최초로 소리가 들린 시점을 수축기 혈압(최고 혈압)으로 삼아 그때 수은 기둥이 올라간 높이를 읽고, 소리가 멈춘 시점을 이완기 혈압(최저 혈압)으로 읽는 방식이었어요. 지금도 혈압의 단위로 쓰이는 mmHg(수은주밀리미터)는 바로 수은(Hg)에서 유래한 단위입니다. 그리고 혈액이 퍼질 때 나는 소리는 '코로트코프음(Korotkoff sounds)'이라고 불러요. 이렇게 청진기로 코로토코프음을 들으며 혈압을 측정하는 방식을 '청진법'이라고 합니다.

새로운 혈압계의 등장

그런데 그 후로 오랫동안 전 세계에서 혈압 측정에 이용돼 온 수은 혈압계는 위기를 맞게 됩니다. 혈압계에 쓰이는 수은 때문이었지요. 1956년 일본 미나마타에서 수은 중독으로 장애 환자와 사망자가 대규모로 발생하자 국제적으로 수은 사용에 대한 우려가 커졌어요. 이후 2013년 유엔환경계획에서는 2020년부터 수은을 사용하는 제품들의 제조와 수출, 수입을 금지하는 내용의 '수은에 관한 미나마타 협약'을 채택했고, 우리나라를 비롯한 114개 국가가 그에 동의했습니다. 수은 혈압계도 여기에 해당하는 제품이에요. 다만 우리나라 정부는 수은 폐기물 처리와 관련해 명확한 가이드라인이 없어서 혼란이 발생할 우려가 있다는 의학계의 지적을 받아들여 일단 2021년 4월까지 사용 금지 조치를 유예하기로 했어요.

지난 몇 년간 의학계에서는 수은을 사용하지 않고 혈압을 측정하는 기기와 방법들이 다양하게 개발되었어요. 현재까지 개발된 방식 중 기존 방식과 비슷하면서도 정확도가 높은 방법은 전자식 혈압계입니다. 소리가 아니라 혈관에서 발생하는 박동의 크기를 이용해서 수축기와 이완기 혈압을 산출하는 방식이에요. 하지만 전자식 혈압계는 수은 혈압계과 비교해 상대적으로 오차가 큰 데다, 가격이 비싸 개인이 집에 갖춰두고 사용하기 부담스럽다는 단점이 있어요.

최근에는 손목에 차는 스마트 기기를 이용해서 손쉽게 혈압을 측정하기도 해요. 2020년 식품의약품안전처가 세계 최초로 모바

일 앱을 이용해 혈압을 측정하는 소프트웨어 의료 기기를 허가해 화제가 되기도 했죠. 스마트 기기에서 뿜어져 나오는 LED(발광 다이오드) 빛을 혈관에 비춰 혈액량을 센서로 재는 기법을 사용해요. LED는 기존의 조명과 달리 특정 파장대 빛을 뿜어낼 수 있는데요. 이 빛을 피부 깊숙이 통과시키면 혈액 속 헤모글로빈이 이를 흡수해 혈관의 위치를 찾고 혈류와 맥박을 측정하는 방식이랍니다.

몸무게를 1킬로그램 줄이면 혈압이 1~2mmHg 낮아지므로 몸무게를 5~10킬로그램 줄이면 수축기 혈압을 10~20mmHg, 이완기 혈압을 5~10mmHg 떨어뜨릴 수 있어요. 따라서 가벼운 고혈압 환자는 몸무게를 줄이는 것만으로도 혈압을 조절할 수 있죠. 이미 약물 치료를 받고 있는 환자라면 약의 복용 용량을 줄일 수 있고요. 게다가 지속적으로 운동하면 몸무게가 빠지지 않더라도 혈압은 5~7mmHg 정도 낮출 수 있어요. 고혈압 환자는 빨리 걷기, 가볍게 뛰기, 자전거 타기, 계단 오르기 같은 유산소 운동을 30~60분씩 일주일에 3~5회 하는 것이 좋습니다. 이때 운동을 하면서 옆 사람과 대화를 할 수 있는 정도의 강도가 좋습니다. 또한 운동 전 10~15분 동안 가벼운 스트레칭과 관절 운동을 하고, 운동 후에도 정리 운동을 해야 합니다. 정리 운동은 운동 시 쌓인 긴장과 피로를 해소해 주며, 운동 후 발생할 수 있는 저혈압을 예방해 주는 효과도 있다고 해요.

혈압계

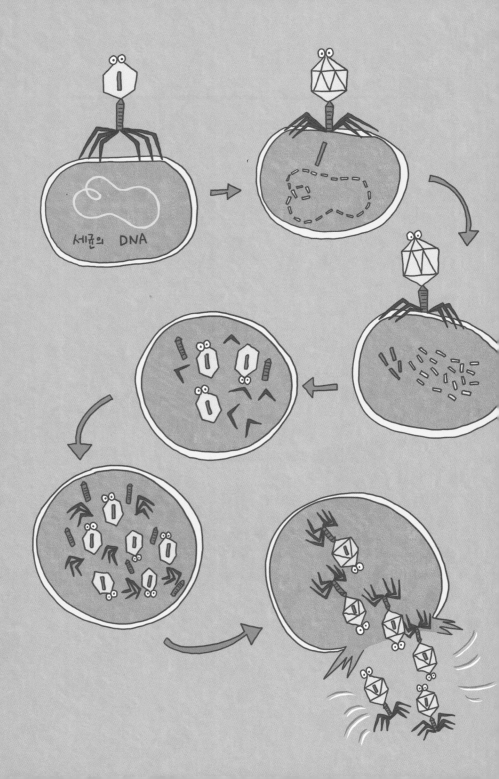

세균을 파괴해서
질병을 치료해요

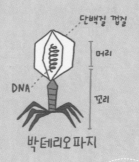

바이러스

　매년 겨울 해양수산부에서는 식중독 예방을 위한 안전 조치 강화를 발표해요. 식중독은 주로 무더운 여름날에 상한 음식을 먹으면 걸리는 대표적인 증상이지만, 추운 겨울날에도 식중독이 전국적으로 확산하기도 해요. 식중독을 일으키는 것은 주로 세균이나 바이러스인데, 여름에는 세균의 번식과 전염이 빨라서 주로 세균성 식중독이 자주 발생해요. 추운 겨울에는 세균의 활동은 줄어들지만, 영하의 온도에서도 살 수 있는 바이러스들은 여전히 활발하게 활동하기 때문에 바이러스성 식중독이 유행하는 것이지요. 실제로 겨울철 식중독의 주된 원인인 노로바이러스는 섭씨 영하 20도 이하에서도 살 수 있어서 바이러스에 감염된 어패류나 채소류 등의 음식물, 감염자와의 접촉 등을 통해 전염된다고 해요.

　최근 전 세계적으로 확산하여 수많은 감염자를 낳은 코로나19 바이러스와 겨울철에 유행하는 독감도 바이러스에 의한 대표적인 질병입니다. 그런데 이러한 바이러스는 우리에게 해롭기만 한 존재일까요?

세균과 바이러스

눈에 보이지 않을 정도로 매우 작은 생명체를 '미생물'이라고 불러요. '박테리아'라고도 부르는 세균은 대표적인 미생물이에요. 종류에 따라 0.2~10마이크로미터(㎛: 1마이크로미터는 100만분의 1미터) 정도의 크기로 나뉘어요. 바이러스는 세균의 100분의 1 정도 크기랍니다. 상대적으로 큰 세균은 빛을 렌즈로 굴절시키는 방식의 현미경으로도 관찰할 수 있었지만, 바이러스를 보기 위해서는 훨씬 더 좋은 렌즈가 필요해요. 그 때문에 바이러스는 20세기에 전자현미경이 발명되고 나서야 관찰할 수 있었어요.

세균과 바이러스는 서로 다른 특징을 가지고 있어요. 세균은 하나의 개체가 온전한 생명 활동을 할 수 있는 '생물'이에요. 단단한 세포벽 안에 유전 물질과 효소를 가지고 있어서 외부 도움 없이 자기 복제와 증식을 할 수 있죠. 바이러스는 유전 물질을 가졌지만, 스스로 복제나 증식을 할 수 없어요. 다른 생물을 숙주로 삼아 기생해야 생명 활동과 증식을 할 수 있기 때문에 생물이라고 하지 않고 생물적 특성과 비생물적 특징을 가진 존재 또는 구조체라고 부릅니다.

바이러스는 생물에 기생하기 때문에 사람을 비롯한 동물, 식물, 세균도 숙주가 될 수 있어요. 세균을 숙주로 하는 바이러스를 '박테리오파지(bacteriophage: 세균 바이러스, 이하 파지)'라고 불러요. 1915년 영국의 세균학자 프레더릭 트워트(1877~1950)가 최초로 박테리오파지의 존재를 발견했고, 1917년 프랑스 파스퇴르연구소의 미생물학자 펠릭스 데렐(1873~1949)이 좀 더 깊이 연구해 이름을 붙였어요.

박테리오파지는 단백질 껍질 안에 유전 물질인 DNA가 들어 있는 구조예요. 숙주가 되는 세균 표면에 붙어서 자기 DNA를 세균 안으로 집어넣지요. 그러면 세균의 DNA에 박테리오파지의 DNA가 끼어 들어가서 함께 복제돼요. DNA 복제가 충분히 이뤄지면, 세균 내부에서 파지의 단백질 껍질이 만들어지고, 복제된 DNA가 껍질로 둘러싸인 새로운 파지가 만들어져요. 완성된 파지는 세균을 뚫고 밖으로 나와 다른 숙주를 찾아갑니다. 이렇게 박테리오파지가 세균을 공격하는 특성을 응용하여 파지를 항생제나 살균제로 이용하기 위한 연구가 이뤄졌죠. 1940년대 초 최초의 항생제인 페니실린의 대량 보급 전에는 파지를 천연 항생제로 이용했어요. 시간이 흘러 항생제에 내성을 가진 세균이 등장하면서 다시 파지를 이용한 치료제나 항생제, 살균제 연구가 진행되고 있죠.

질병 치료에 이용하는 바이러스

벨기에의 피르나이 박사 연구진은 2022년 1월 박테리오파지를 이용해 항생제 내성균에 감염된 100여 명의 환자를 치료하는 데 성공했다는 연구 결과를 국제 학술지 《네이처 커뮤니케이션스》에 발표했어요. 파지마다 감염시킬 수 있는 세균의 종류가 달라서 적절히 사용하면 인체에 있는 유익한 세균이나 사람 세포를 공격하지 않도록 할 수 있어요. 열쇠와 자물쇠처럼 특정 세균에 기생하는 특정 파지가 정해져 있는 거예요. 따라서 환자를 공격한 세균을 알아내고, 그 세균을 감염시키는 파지를 이용해 환자를 치료할 수 있지요. 만약 같은 세균에 감염된 환자라면 같은 파지로 치료가 가능합니다.

하지만 이 때문에 환자마다 어떤 세균에 감염되었는지 찾아내야 하는 번거로움이 따르고, 세균이 파지에 대해 변이를 일으킬 수도 있어서 최근에는 다양한 파지를 모아 섞어서 쓰는 '파지 칵테일 요법'도 연구되고 있다고 해요.

파지는 식품 분야에서도 세균이 원인이 되는 오염이나 부패를 막는 데 사용돼요. 미국에서는 2006년 식중독 원인균인 리스테리아를 억제하기 위해 파지를 미세한 스프레이 형태로 만들어 뿌리는 제품이 미국 식품의약국(FDA)의 승인을 받았어요. 우리나라에서도 살모넬라균을 억제하기 위한 파지 혼합물이 식품 첨가물이나 사료 첨가물로 쓰이고 있어요.

바이러스를 이용한 세균 오염 검사

게다가 파지를 이용한 세균 오염 검사도 개발되고 있어요. 특정 세균에 부착해서 유전 물질을 삽입하는 파지의 특성을 이용하는 거죠. 특정 세균을 감염시키는 파지 내부에 색이나 형광색을 나타내는 유전자를 삽입하고, 확인하고 싶은 부위나 지역에 뿌리는 거예요. 만약 그곳에 세균이 있다면 파지가 감염시켜 증식하게 될 테니 해당 부위의 색이 변하겠죠. 이를 통해 세균 오염 여부를 확인하는 거예요.

예를 들어 탄저균은 급성 전염성 감염 질환인 탄저병을 일으키는 위험한 세균인데, 주로 흙 속에 살고 있어요. 만약 특정 지역에 탄저균이 있는 경우 형광 물질을 넣은 파지를 이용해 오염된 지역을 알 수 있지요. 이런 용도로 이용되는 파지를 '리포터 파지'라고 불러요.

암세포를 공격하는 바이러스

암 치료에도 파지를 이용할 수 있어요. 지카바이러스는 뇌의 내피세포를 뚫고 들어가 신경 줄기세포를 공격하기 때문에 임신부가 감염될 경우 태아의 뇌가 제대로 발달하지 못하는 소두증을 일으킨다고 알려져 있어요. 이렇게 뇌를 공격하는 특징을 이용해 최근에는 뇌종양 같은 암 치료에 지카바이러스를 이용하는 연구가 활발하게 진행되고 있어요. 지카바이러스가 뇌종양 치료에 효과가 있다는 사실은 과거 연구에서도 여러 차례 확인되었어요. 바이러스가 악성 뇌종양인 교모세포종 세포를 죽인다는 거예요.

또 2022년 1월 브라질 상파울루대학교의 자츠 교수 연구 팀이 국제 학술지 《바이러스》에 발표한 결과에 따르면, 생쥐의 뇌종양 부위보다 복막에 바이러스를 주사했을 때 치료 효과가 더 좋았다고 해요. 지카바이러스가 뇌로 이동해 암세포를 공격했고, 다른 세포는 공격하지 않았다는 거예요. 면역 반응을 촉진하는 사이토카인이 분비되어 암세포 생장과 전이도 차단했고요. 바이러스가 인체의 면역 능력을 강화한 셈이지요.

레이우엔훅의 현미경

이탈리아의 의사 프라카스토로는 눈에 보이지는 않지만 무엇인가가
존재하고, 그것이 전파돼 전염병을 일으킨다는 사실을 최초로
주장했어요. 1660년 네덜란드의 레이우엔훅은 순도 높은 석영을 갈아
만든 렌즈로 270배까지 확대 관찰할 수 있는 현미경을 만들었어요.
이 현미경으로 빗물을 봤더니 움직이는 작은 생물체들이 있었고 그는
이것을 'animalcule(작은 동물이라는 뜻)'이라는 이름으로 영국 왕립협회에
보고했답니다. 살아 있는 미생물을 최초로 보고한 사람으로 역사에
남았다고 해요.

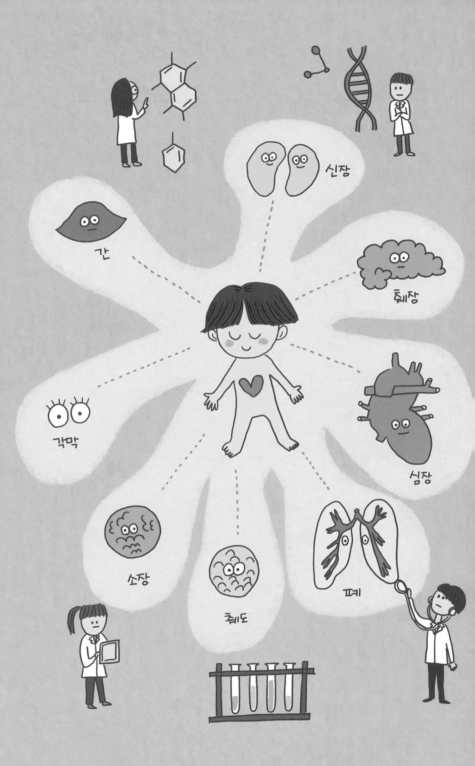

내 세포로 만드는
미니 인공 장기

오가노이드

'생체 적합성이 우수한 인공 각막'이 2021년 특허청에서 주최한 대한민국 발명 특허대전에서 최고상인 대통령상을 받았습니다. 실제 각막 없이 단독으로 사용할 수 있고 콘택트렌즈 재료로 만들어 염증 같은 부작용도 거의 없다고 합니다.

인공 각막처럼 인공으로 우리 신체 일부를 만든 것을 '인공 장기'라고 해요. 이번에 개발된 인공 각막이 상용화되면 많은 사람에게 큰 도움이 될 거라고 다들 기뻐했지요. 인공 장기는 어떻게 만드는 걸까요?

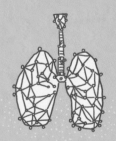

환자 세포로 만드는 맞춤형 인공 장기

우리는 병에 걸리거나 사고를 당했을 때 다른 사람에게 인체 조직이나 장기를 기증받아 수술해요. 그런데 장기 이식은 매우 오래 기다려야 해요. 2021년 기준, 이식을 기다리는 환자가 4만 5,830명이나 된다고 하니까요. 신장이 40퍼센트 정도로 가장 많고, 다음은 간, 조혈 모세포, 안구, 췌장, 심장 순이라고 합니다. 아픈 환자들이 장기 이식을 기다리다가 사망하는 경우가 많기 때문에 과학자들은 인공 장기를 개발하기 위해 꾸준히 노력해 왔어요. 최근에는 인공 장기가 개발되면서 이런 문제가 해결될 날이 오지 않을까 기대하고 있어요.

장기 이식은 오래 기다리는 것도 문제지만, 이식이 결정된 뒤에도 여러 문제가 따라요. 우리 몸은 외부에서 물질이 들어오면 방어 작용을 합니다. 이걸 '면역'이라고 하죠. 이식할 장기도 외부 물질이기 때문에 자칫하면 면역 거부 반응이 일어날 수 있어요. 남의 장기 중에서도 내게 잘 맞는 장기가 필요한 거예요. 인간 몸을 대신하는 인공 심장 등 각종 기계 장치도 개발되었지만, 이 역시 면역 거부 반응 문제가 따릅니다.

이런 문제를 해결하려고 환자 본인의 세포를 이용해 인공 장기를 만드는 연구가 이루어지고 있어요. 자기 세포를 이용하기 때문에 기증자를 기다리지 않아도 될 뿐 아니라, 면역 거부 반응을 걱정하지 않아도 되죠. 이렇게 사람의 세포를 이용해 만든 맞춤형 장기를 '세포 기반 인공 장기'라고 불러요.

미니 장기 오가노이드

세포 기반 인공 장기 중 대표적인 것은 '오가노이드(organoid)'예요. 오가노이드는 우리 몸의 줄기세포를 입체적으로 배양해 실제 장기보다 단순한 형태로 만든 장기 유사체입니다. '미니 장기'라고 부르기도 해요. 장기에서 얻은 줄기세포를 실험실에서 배양했더니 점차 세포 수가 늘어나면서 3차원 모양의 뇌나 간 같은 장기와 비슷한 형태가 된 거예요.

2009년 네덜란드 후브레흐트연구소의 한스 클레버스 박사가 생쥐 직장에서 얻은 줄기세포로 내장 오가노이드를 만든 것을 시작으로, 2013년 영국에서는 사람의 신경 줄기세포를 이용해 오가노이드 뇌를 만들었어요. 현재까지 심장, 간, 신장, 위, 췌장, 갑상샘 등 다양한 오가노이드가 만들어졌다고 합니다.

오가노이드는 당장 사람 몸에 이식할 정도로 발전한 상태는 아니고, 지금은 신약 개발에 쓰이고 있어요. 보통 신약을 개발하면 사람을 대상으로 임상 시험을 하기 전에 동물을 대상으로 실험을 하죠. 하지만 동물에게 문제가 없다고 해서 인간에게 부작용이 없는 것은 아니라서 위험하다는 지적도 있고, 동물을 희생시킨다는 윤리적 문제도 있어요. 사람 장기와 비슷한 오가노이드를 만들어서 실험하면 이런 문제들을 해결할 수 있답니다. 오가노이드에 약을 투여해 보거나 박테리아에 감염시켜 보기도 하면서 반응을 보는 거죠. 지금까지 만들어진 오가노이드는 매우 작아요. 뇌 오가노이드는 완두콩 크기이고 심장 오가노이드는 0.5밀리미터밖에 안 되는 것도 있다고 해요.

세포를 조립해서 만드는 어셈블로이드

최근에는 오가노이드의 한계를 뛰어넘기 위한 새로운 기술이 발명되기도 했어요. 사람의 장기는 여러 종류의 세포가 복잡한 층 구조를 이루고 있지만, 오가노이드는 단순하다는 한계가 있었어요. 오가노이드는 획기적인 기술이지만, 실제 사람의 장기에서 일어나는 복잡한 메커니즘들을 보기에는 부족했지요.

2020년 12월 포스텍 신근유 교수 연구 팀은 이런 한계를 극복한 '어셈블로이드(assembloid)'를 만들어 국제 학술지 《네이처》에 발표했어요. 인간을 포함한 동물의 방광은 보통 서로 다른 3개의 세포층으로 이루어져 있어요. 연구 팀은 생쥐와 인간의 방광 오가노이드를 만들고, 여기에 별도로 방광의 다른 세포들을 키워서 이 둘을 합쳤어요. 결과적으로 진짜 방광처럼 3개의 세포층으로 이루어진 방광 유사체를 만들었죠. 장기의 각 부분을 따로 만들어서 조립(assemble)했다는 뜻에서 이 기술에 어셈블로이드라는 이름을 붙였답니다.

현재 개발된 오가노이드나 어셈블로이드를 사람 몸에 이식할 수는 없어요. 하지만 앞으로 기술이 더 발전하면 장기를 대체할 수준으로 개발될 수 있을 거예요.

정보 더하기! 테세우스의 배

인공 장기 기술이 발전하면서 여러 윤리적 문제도 제기됩니다. 대표적인 것이 인공 장기가 실제 장기를 대체하면 기존 인간의 정체성이 유지되느냐 하는 문제예요. 예컨대, 뇌 오가노이드를 환자에게 이식하면 그 환자는 누구일까요? 자기 세포를 배양해 뇌를 만들었으니 같은 사람이라고 볼 수도 있지만, 뇌가 바뀌었으니 다른 사람이라고 생각할 수도 있을 거예요. 일부선 이런 논란이 그리스 신화의 '테세우스의 배'와 비슷하다고도 말해요. 아테네 왕의 아들 테세우스는 크레타섬으로 가서 정적 미노타우로스를 죽인 영웅이에요. 사람들은 그가 귀환할 때 타고 온 배를 오래 보존해 왔는데, 판자가 썩어 새 판자로 계속 교체했더니 나중엔 본래 부품은 하나도 남지 않았죠. 그래도 이 배를 테세우스의 배로 봐야 한다는 의견과, 본래 모습이 남지 않았으니 그 이름으로 부르면 안 된다는 의견이 맞섰어요.

3. 과학기술로 여는 세상

공학

소음 곡선

노이즈 캔슬링

반전 소음 곡선

소음으로 소음을
지우는 기술

지하철이나 비행기에서는 소음이 크다 보니 평소보다 이어폰 음량을 높이게 됩니다. 그런데 주변 소음을 줄여주는 기능이 있다면 시끄러운 환경에서 음량을 높이지 않고도 영상이나 음악 소리를 잘 들을 수 있을 거예요. 이를 위해 탄생한 기술이 '노이즈 캔슬링(noise-cancelling)'입니다. 노이즈 캔슬링은 액티브 노이즈 컨트롤(active noise control)이라고도 불러요. 애플이 노이즈 캔슬링 기능을 탑재한 이어폰을 내놓으면서 시장의 유행을 선도하기도 했어요. 노이즈 캔슬링은 어떤 방법으로 소음을 줄이는 걸까요?

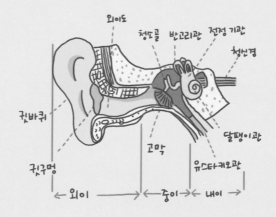

소리는 진동

일상생활에서 소리는 공기의 진동을 통해 우리 귀에 들립니다. 소리가 나는 음원에서 파동이 발생하면 공기를 통해 그 진동이 전달돼 귀로 들어오는 것이지요. 진동은 귓바퀴와 귓구멍 안쪽 통로인 외이도, 고막, 귓속뼈를 차례로 거쳐 달팽이관에 다다릅니다. 깔때기 형태의 귓바퀴는 소리를 외이도로 모으는 역할을 하고, 얇은 막으로 이루어져 있는 고막은 외이도를 지나온 소리에 의해 진동하지요. 고막의 진동은 귓속뼈로 전달됩니다. 귓속뼈는 고막에서 전달받은 진동을 증폭시켜서 달팽이관으로 보내는 역할을 하지요. 그리고 달팽이관 속 청각 세포는 이 진동을 감지해 뇌로 전달합니다. "귀로 소리를 듣는다"라고 말할 때 실은 이런 과정이 벌어지는 거예요.

소리는 에너지를 전달하는 진동입니다. 이 에너지가 공기나 물 따위를 통해 퍼져 나가는 것을 '파동'이라고 합니다. 음파는 소리의 파동을 뜻합니다.

소음으로 소음을 지우는 노이즈 캔슬링

길을 걷다 보면 지나가는 사람들의 대화 소리, 자동차 소리, 바람 소리 등 여러 소리가 동시에 들려옵니다. 각각의 음파를 귀가

받아들이는 것이죠. 호수에 크고 작은 조약돌들을 연달아 던지면 각각의 돌이 일으킨 잔물결이 겹쳐져요. 이 잔물결 역시 파동인데, 그렇다면 역시 파동인 음파도 서로 충돌할까요? 그렇습니다. 서로 다른 음파가 만나 겹쳐지면 소리에 변화가 생기는 '간섭' 현상이 일어납니다.

간섭은 두 가지 형태가 있어요. 서로 만나서 소리가 강해지는 '보강 간섭'과 서로 만나면 각각의 소리가 작아지는 '상쇄 간섭'입니다. 어떤 간섭이 되는지는 음파 각각의 위상, 진폭, 진동수 등에 따라 결정됩니다. 비유하자면 파동 때문에 위아래로 올록볼록한 물결이 생겼을 때, 위로 볼록한 부분끼리 만나면 물결이 더 높이 일고(보강), 볼록한 부분과 오목한 부분이 겹쳐지면 물결이 낮아지는(상쇄) 모습과 비슷하지요.

노이즈 캔슬링은 상쇄 간섭을 활용한 기술입니다. 외부 소음을 감지하고, 그 소음을 상쇄하는 음파를 발생시켜 소음을 상쇄하지요. 소음이 +1이면, −1 소음을 발생시켜 소음으로 소음을 지워버리는 거예요. 덕분에 이어폰이나 헤드폰을 통해 본래 들으려고 했던 소리만 들을 수 있습니다.

노이즈 캔슬링을 위해서는 외부 소음을 감지하고 그 정반대의 소음을 만들어야 합니다. 그래서 이어폰 내부에는 마이크와 음파 분석 회로가 들어 있어요. 마이크로 바깥 소음이 들어오면 회로가 음파를 분석해서 반대 굴곡의 음파를 만들어 내 스피커를 통해 내보냅니다. 이어폰이 만들어 낸 음파와 소음이 상쇄되면서 소리가 줄어들죠. 덕분에 본래 이어폰에서 나오는 음악 소리는 상대적으로 선명하게 들립니다. 따라서 시끄러운 곳에서도 음량을 높이지 않아도 되니 청각을 보호하는 효과도 생기죠.

다만 이론처럼 완벽하게 외부 소음을 없애주지는 않아요. 외부 소음을 상쇄하려면 들려오는 소리가 마이크에 닿자마자 마이크에서 소리를 디지털 데이터로 변환하고 정반대의 소리를 스피커로 내보내야 하죠. 그래서 자동차 엔진 소리, 지하철 소음같이 규칙적이거나 일정 시간 이상 지속되어 예측 가능한 소음은 상쇄하기 쉽지만, 옆에서 전화 통화를 하는 사람의 목소리와 같은 불규칙한 소리는 상대적으로 잘 지우지 못한답니다.

전투기와 우주선 조종사를 위해 개발된 노이즈 캔슬링

미국 정부는 1978년 시끄러운 제트 엔진과 로켓 엔진 소음을 견뎌야
하는 전투기 조종사와 미 항공우주국(NASA) 우주 비행사를 위해 노이즈
캔슬링 기술 연구를 의뢰했어요. 미국 음향업체 보스(BOSE)가 8년간의
연구 끝에 개발에 성공했죠. 보스는 1986년 첫 군용 노이즈 캔슬링
헤드폰을 내놓습니다.
민간에서는 독일 음향업체 젠하이저가 1987년 민간용 노이즈 캔슬링
헤드폰을 출시합니다. 독일 항공사 루프트한자가 비행 중 계속해서 기내
소음에 시달리는 항공기 승무원용으로 개발을 의뢰했거든요.
승용차에도 노이즈 캔슬링 시스템이 설치되기도 해요. 차량 엔진음을
상쇄하는 음파를 만들어서 차 안의 소음을 줄이는 역할을 하죠. 일본의
자동차 회사 닛산이 1990년대 초반 '블루버드' 차종에 노이즈 캔슬링
기능을 탑재한 것이 시초입니다.

노이즈 캔슬링 헤드폰

1mm

표피층
진피층
피하 지방층

반창고처럼 생긴
안 아픈 주사

마이크로니들

2021년 코로나바이러스감염증 백신의 접종이 시작되면서 백신에 대한 관심이 높아졌어요. 당시 접종 시작 105일 만에 1차 접종자가 1,000만 명을 돌파했다는 소식과 다양한 접종 후기들이 속속 인터넷상에 올라오기도 했습니다. 사실 백신은 코로나19 유행 이전에도 다양한 질병으로부터 인류를 지키는 건강 지킴이 역할을 해왔어요.

하지만 바늘에 대한 두려움과 통증 때문에 무서워하는 사람도 많습니다. 소아과에서 아이들 우는 소리가 끊이지 않는 것도 그 때문이고요. 이런 점 때문에 과학자들은 '안 아픈 주사'를 개발하려고 노력해 왔어요. 안 아픈 주사에는 어떤 것이 있고, 어떤 원리일까요?

백신으로 병을 예방해요

우리나라 질병관리청은 출생 후 1년 안에 결핵, B형 간염, 디프테리아 등 여러 백신을 필수로 맞도록 하고 있어요. 어른이 된 뒤에도 인플루엔자나 대상 포진 등 여러 질병에 대한 백신 접종을 권고합니다. 백신은 죽었거나 약화된 병원균을 일부러 우리 몸에 넣어서 면역 체계에 기억시켰다가, 이후 해당 병원균이 실제로 몸에 들어오면 이전에 들어왔던 병원균을 기억해 재빨리 면역 시스템을 가동하게 하는 거예요. 백신은 주로 주사기로 몸에 주입하죠. 먹거나 바르는 것보다 주사가 더 효과적으로 몸속에 약물을 전달하기 때문에 널리 쓰여요.

어린이뿐만 아니라 어른들도 주사에 공포증이 있는 경우가 많아요. 미국 미시간대학교 연구 팀이 1947년부터 2017년까지 학술지에 발표된 주삿바늘 공포증 관련 연구 119개를 분석했더니, 어린이 대부분과 청소년의 20~50퍼센트가 바늘에 대한 두려움이나 공포증을 갖고 있었어요. 20~40세 성인의 20~30퍼센트도 주삿바늘을 두려워하는 것으로 조사되었죠. 성인 환자의 16퍼센트는 주삿바늘에 대한 두려움 때문에 인플루엔자 예방 접종을 거부하기도 했다고 합니다.

이렇게 주삿바늘에 대한 공포 때문에 주사를 피하면 질병 치료나 예방에 문제가 생겨서 개인뿐 아니라 사회에도 좋지 않은 영향을 줄 거예요. 그래서 일부에선 주사를 맞을 때 다른 생각을 하게 유도하는 등 심리적 처방을 하기도 해요. 최근에는 가상 현실(VR) 프로그램을 즐기는 동안 주사를 놓는 방식도 소개되었어요. 하지만 가장 좋은 건 바늘이 없거나 안 아픈 주사를 사용하는 거겠죠? 그래서 과학자들은 이와 관련한 다양한 연구들을 해왔답니다.

바늘 없는 주사기

바늘 없이 몸속에 약물을 넣기 위한 아이디어는 19세기로 거슬러 올라가요. 프랑스 연구진은 1866년 높은 압력으로 약물을 쏘아 피부에 침투시키는 '제트 인젝터(jet injector)'를 발명했어요. 제트 인젝터는 이후 여러 차례 개선되면서 1950~1960년대에는 천연두 등 대량 백신 접종에 이용되었어요. 아프리카에서는 천연두 근절에 기여한 제트 인젝터를 '평화의 총'이라고 부르기도 했습니다.

제트 인젝터 방식은 바늘 없이 약물을 주입한다는 장점이 있지만, 약을 주입할 때 몸속에서 체액이나 세균이 도로 튀어나와 노즐을 오염시킬 수 있다는 문제가 있었어요. 그래서 지금은 여러 사람을 대상으로 하는 백신 접종보다는 인슐린 주사처럼 개인적인 용도로 사용한다고 해요.

2017년에는 서울대학교 여재익 교수 연구 팀이 바늘 없는 레이저 주사기로 약물을 통증 없이 몸속에 주입하는 데 성공했어요. 레이저 주사는 머리카락 한 가닥 정도 굵기의 구멍에서 약물이 초당 150미터 속도로 일정하게 반복 분사되는데, 약물 줄기가 매우 가늘어 신경을 거의 건드리지 않기 때문에 통증이 거의 없답니다. 이처럼 실제로 우리가 사용할 수 있는 제품을 개발하기 위한 연구는 끊임없이 진행되고 있어요.

반창고처럼 붙이는 마이크로니들

주사는 맞는 부위에 따라 표피와 진피 사이에 놓는 '피내 주사', 진피층 아래 피하 조직에 놓는 '피하 주사', 근육에 놓는 '근육 주사', 혈관에 놓는 '동맥·정맥 주사'로 나뉘어요. 코로나 백신 주사는 근육 주사예요. 주사기 바늘도 용도에 따라 길이가 다양한데, 코로나 백신은 길이가 보통 2.54센티미터 안팎의 바늘을 쓰고 있어요.

그런데 최근에는 길이가 1밀리미터도 채 안 되는 미세 바늘인 '마이크로니들(microneedle)'을 이용해 약을 주입하는 방식이 활발히 개발되고 있어요. 1998년 미국 조지아공과대학교 연구진이 처음 발표한 이 방식은, 미세 바늘 수백수천 개가 달린 반창고 모양 패치를 피부에 붙이는 방식입니다. 주사 통증은 바늘 길이에 비례해 크게 증가한다고 해요. 마이크로니들은 바늘이 워낙 짧아서 피부에 자극이나 통증이 거의 없어요. 또 개인이 스스로 사용할 수 있다는 장점도 있고요. 고체 형태 약물을 이용하기 때문에 액상 형태 약물을 주사기로 주입하는 백신보다 온도에 덜 민감해 보관하기도 쉽다고 해요. 이렇듯 마이크로니들은 장점이 많지만 약물 투입 방식에 따라 약간의 한계도 있어요.

마이크로니들은 약물 투입 방식에 따라 네 가지로 나뉘어요. 고체(solid) 타입은 마이크로니들을 피부에 넣어 구멍을 만들고, 그 구멍에 연고를 바르는 등의 방식으로 약물을 흡수시키는 거예요. 간단한 방식처럼 보이지만, 흡수되는 약물의 양을 정확히 조절하기 어렵다고 합니다. 코팅(coated) 타입은 마이크로니들 표면에 약물을 코팅해서 피부에 접종하면 코팅된 약물이 피부 안에서 녹아 몸속으로 들어가는 방식이에요. 보통 금속 재질의 니들이 사용되어 효과적인 접종이 가능하지만, 한 번에 투여할 수 있는 약물의 양이 정해져 있어서 사용할 수 있는 약물의 종류에 한계가 있다고 해요. 용해성(dissolving) 타입은 생분해성 물질에 약물을 섞어 단단한 마이크로니들 형태로 만들어 피부에 접종하면 피부 안에서 바늘이 약물과 함께 완전히 용해되는 방식이지요. 접종 후 다른 처치가 필요없다는 장점이 있지만, 많은 약물을 투여하기는 어렵다는 단점도 있어요. 마지막 공동(hollow) 타입은 속이

빈 바늘로 피부에 접종하고 그 사이로 약물이 전달되는 방식이에요. 기존 주사기와 가장 비슷한 형태로 많은 양을 주입할 수 있다는 장점은 있지만, 제조 과정이 복잡하고 다른 종류의 마이크로니들에 비해 통증이 크다는 단점이 있지요.

미국에서는 마이크로니들을 이용한 인플루엔자 백신이 개발되어 임상 단계에 있어요. 우리나라에서는 아직 마이크로니들을 이용한 백신은 개발 중이고, 편두통 치료제 등 의료용이 개발되어 임상 단계에 있습니다. 머지않아 많은 사람이 통증 걱정 없이 주사를 맞을 수 있기를 기대해 봅니다.

주사기는 액체 형태의 약물이나 혈액 등을 담을 수 있는 겉통(주사통)과 피부를 통과해 체내로 들어갈 주삿바늘로 이루어져 있어요. 겉통의 한쪽 끝에는 루어록 팁이 있어 이 부분에 바늘을 연결하고, 겉통의 다른 쪽에는 손으로 누르거나 당겨 내부 압력에 변화를 주는 역할을 하는 밀대(피스톤)를 끼워서 사용합니다. 밀대를 바늘 쪽으로 누르면 겉통 안에 담겨 있던 액체나 공기가 바늘을 통해 밖으로 빠져나가고, 반대로 밀대를 당기면 외부에 있는 액체나 공기를 겉통 안으로 빨아들일 수 있지요. 가느다란 원통형의 주삿바늘 끝이 뾰족한 이유는 비스듬하게 사선으로 잘린 모양이기 때문이에요. 이 부분을 침선(bevel)이라 부릅니다. 침선 덕분에 액체를 주입하거나 빼낼 때 찔러 넣기 쉽지만, 같은 이유로 주사가 공포의 대상이 되기도 하지요.

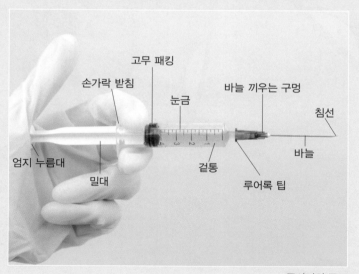

주사기의 구조

115

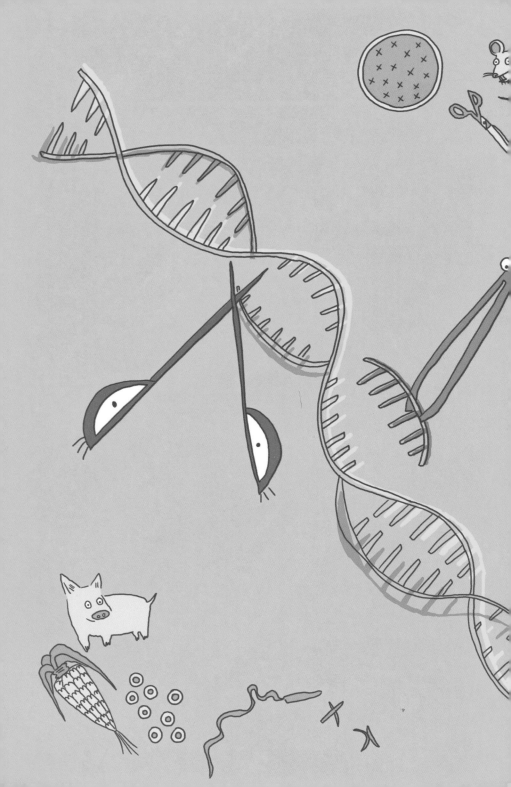

자르고 붙여서
내 맘대로 바꾸는 유전자

유전자
가위

2020년 노벨 화학상은 유전자를 교정하고 편집하는 '크리스퍼 유전자 가위' 기술을 개발한 공로로 미국 캘리포니아대학교 버클리캠퍼스 제니퍼 다우드나 교수와 독일 막스플랑크연구소 에마뉘엘 샤르팡티에 교수가 공동 수상했습니다. 두 사람은 2012년 국제 학술지 《사이언스》에 DNA(유전체)에서 원하는 부위를 자유자재로 잘라낼 수 있는 '크리스퍼 캐스 유전자 가위' 기술을 발표했어요.

크리스퍼(CRISPR)란 '짧은 회문 구조 반복 서열(clustered regularly interspaced short palindromic repeats)'이라는 뜻으로, '유전자 편집 기술'을 뜻하지요. 크리스퍼 유전자 가위는 이전부터 노벨상 수상이 예견되었을 정도로 현대 과학에 큰 영향을 주고 있답니다. 그런데 왜 노벨 생리의학상이 아닌 '화학'상의 주인공이 된 것일까요?

제니퍼 다우드나 교수   에마뉘엘 샤르팡티에 교수

생물 속의 화학 분자, DNA

유전자 가위로 어떻게 노벨 화학상을 받았는지 알기 위해 먼저 유전자에 관해 이야기해 볼까요? 현미경이 발달하면서 과학계에서는 세포 내부가 어떻게 이루어져 있으며 어떤 기능을 하는지에 대한 탐구가 끊임없이 이뤄졌어요. 1833년 세포의 핵이 발견되면서 과학자들은 모든 생물은 세포 안에 고유한 유전 정보를 가지고 있다는 걸 발견했습니다. 이 유전 정보 전체를 '유전체'라고 부릅니다.

1953년 영국의 과학자 제임스 왓슨과 프랜시스 크릭이 세포의 핵 속에 있는 유전체인 DNA의 구조를 밝혀냈어요. DNA가 염기, 당, 인산의 세 가지 요소로 구성된 '뉴클레오티드'가 두 가닥의 사슬 형태로 연결되어 있으며, 이것이 이중 나선 구조로 꼬여 있는 형태라는 내용이지요. DNA 염기는 아데닌(A)과 구아닌(G), 사이토신(C)과 티민(T)이라는 네 종류로 이루어져 있고, A는 항상 T와, C는 G와 결합하지요. 이때 염기가 배열된 순서인 염기 서열에 따라 유전 정보에 차이가 생겨요.

이렇듯 DNA는 여러 화학적 결합으로 만들어진 고분자 화학 물질이기 때문에 생물학자뿐 아니라 많은 화학자들도 연구에 매달리고 있어요. 유전자 가위 기술이 노벨 생리의학상이 아니라 노벨 화학상을 받은 것도 이 때문이에요.

유전자를 자르는 유전자 가위

이제 우리는 유전자가 화학 분자들의 결합으로 이루어진 DNA의 일부라는 것을 알았습니다. 그렇다면 유전자 가위는 무엇일까요? 일반적으로 가위는 무언가를 자르는 역할을 합니다. 마찬가지로 유전자 가위도 특정 유전자를 자르는 역할을 해서 붙여진 이름입니다. 물론 실제 가위처럼 생기지는 않았어요. 유전자를 자른다는 것은 유전자를 구성하는 분자 간 결합을 끊는다는 뜻입니다.

유전자 가위 기술은 단세포 생물인 세균(박테리아)의 방어 체계에서 아이디어를 얻었습니다. 1962년 스위스 생물학자 베르너 아르버는 세균이 가지고 있는 특수 효소인 제한 효소가 이러한 가위 역할을 한다고 밝혔어요. 세균은 체내에 바이러스나 외부 DNA가 침입하면 자신을 방어하기 위해 제한 효소를 만들어 외부 DNA를 절단하는데, 이때 제한 효소가 DNA의 특정 염기 서열을 인식해 그 부분이나 주변을 절단하는 역할을 합니다.

베르너는 이와 같은 공로를 인정받아 1978년 노벨 생리의학상을 수상했어요. 그 이후로 지금까지 200여 종류의 서로 다른 부위를 인식해서 절단할 수 있는 제한 효소가 다양한 세균들에서 발견되었다고 해요.

크리스퍼와 캐스의 공동 작전

그런데 이런 유전자 가위 기술은 염기 서열이 방대한 유전체 내에서는 적용하기가 상당히 어려웠어요. 효소가 인식할 수 있는 염기 서열의 범위가 작아서 절단을 원하지 않는 유전자인데도 절단되어 버리는 경우들이 나타났기 때문이지요. 그래서 과학자들은 원하는 유전자 부위만 딱 집어서 자를 수 있는 획기적인 유전자 가위를 찾기 위해 노력했어요. 그리고 여러 연구를 거듭한 끝에 오류 가능성을 4조 4,000만분의 1까지 낮춘, 정확하고 빠르고 저렴한 '크리스퍼' 기술이 등장하게 되었습니다.

크리스퍼 유전자 가위 역시 세균의 방어 체계를 기반으로 해요. 외부 DNA가 체내에 침입하면 세균은 침입자의 DNA 일부를 잘라낸 뒤 그 조각의 일부를 자신의 염색체 안에 집어넣는데, 이 원리를 응용한 거예요. 똑같은 적군이 다시 침입할 때를 대비해 그 서열을 기억해 두는 것이지요.

크리스퍼 유전자 가위는 크게 크리스퍼 RNA(리보 핵산)와 제한 효소인 캐스(Cas) 단백질로 이루어져 있어요. 크리스퍼 RNA는 특정한 DNA를 찾아가 붙잡아 두는 역할을 해요. 그러면 캐스 단백질이 원하는 부위의 화학적 결합을 절단하는 공동 작전을 펼칩니다. 이렇게 하면 질병을 유발하는 특정 DNA를 찾아서 손쉽게 절단할 수 있을 뿐 아니라 그 자리에 원하는 유전자를 넣을 수도 있어요. 자르는 것뿐만이 아니라 붙여 넣기도 가능한, 말 그대로 유전자 편집 기술의 시대가 열린 것입니다.

실제로 크리스퍼 유전자 가위는 유전 질병 치료에 새로운 바람을 불어넣고 있어요. 그러나 논란도 끊이지 않고 있는데요. 2018년에는 중국 난팡과기대학교(南方科技大学, Southern University of Science and Technology) 허젠쿠이 교수가 유전자 가위 기술을 인간 배아에 적용해서 논란이 있었어요. 그래서 각국에서는 인간 배아를 활용한 유전자 조작 기술을 법으로 막고 있습니다.

정보 더하기! 질병 세포의 유전자만 교정하는 유전자 가위

크리스퍼 유전자 가위 기술은 많은 과학자의 연구 덕분에 빠르게 발전하고 있지만, 기술의 한계에 부딪혀 아직 현장에서 활용되지는 못하고 있어요. 그런 가운데 2022년 우리나라의 카이스트 의과학대학원과 한국과학기술연구원(KIST), 생체재료연구센터, 강원대학교 화학·생화학부 공동 연구 팀이 "정상 세포에는 작동하지 않고 질병 세포의 유전자만 교정하는 크리스퍼 캐스9 유전자 가위 기술을 개발했다"라고 발표했습니다. 이로써 폐암 등 다양한 질병 치료에 유전자 가위 기술을 활용할 수 있을 것으로 기대를 모으고 있지요.

꽃게처럼 튼튼하게,
오징어처럼 유연하게

수중
로봇

바닷속을 돌아다니는 로봇이 있다는 이야기를 들어봤나요? 2020년 국내에서 처음으로 제주도 해상에 수중 로봇이 투입되어 바닷속 생태계 조사에 나섰다는 소식이 전해졌어요. 고화질(HD) 카메라를 장착한 수중 로봇이 최대 수심 2,500 미터 지점까지 내려가 미지의 심해를 탐험하게 되었다는 거예요. 사람은 최장 잠수 시간이 1시간 남짓, 최대 수심이 40미터 정도로 제한되어 있어요. 하지만 수중 로봇은 이보다 더 오래, 더 깊이 잠수할 수 있어서 과학자들이 거는 기대가 크죠. 오늘날 다양한 로봇들이 각 분야에서 도움을 주고 있는데, 그중에서 해양 연구를 돕는 수중 로봇은 사람이 가지 못하는 심해를 누비며 큰 도움이 되고 있답니다. 수중 로봇이 어떤 일을 하는지 좀 더 알아볼까요?

해저 6,000미터 바닥을 걸어 다니는 로봇

수중 로봇의 조상은 '잠수정'이에요. 잠수정은 사람이 직접 타고 움직이는 유인 잠수정과 사람이 타지 않는 무인 잠수정으로 나뉘지요. 오늘날 수중 로봇에 해당하는 건 무인 잠수정입니다. 세계 최초의 원격 무인 잠수정은 1953년 프랑스 발명가가 만든 '푸들'이라고 알려져 있어요. 우리나라에선 1980년대부터 본격적인 해양 로봇 연구 시대가 열렸고, 오늘날 2,500미터 수심에서 바다 환경을 조사하거나 바닷속에 구조물을 만들고 지반을 뚫는 공사를 하는 수중 건설 로봇들까지 등장했어요.

세계적으로 심해 탐사 경쟁은 갈수록 치열해지고 있어요. 바닷속을 탐사할수록 육지에서는 찾을 수 없는 심해 생물 자원, 광물 자원 등을 발견할 수 있기 때문이죠. 오늘날 심해 무인 잠수정은 보통 해저 6,000미터까지 원활하게 탐사할 수 있는데요. 우리나라에서 제작한 무인 잠수정 '해미래'도 해저 6,000미터까지 잠수할 수 있다고 합니다.

국내에서 만든 꽃게를 닮은 심해 탐사 로봇 '크랩스터 6000'은 세계 최초로 6,000미터 바닷속을 걸어서 움직일 수 있는 수중 로봇으로 주목받고 있어요. 6개의 다리를 이용해 초속 10센티미터로 걸어 다니는데, 심해의 토양 환경을 해치지 않으면서 근접 탐사를 할 수 있습니다. 엄청난 수압을 견딜 수 있도록 탄소 섬유 강화 플라스틱, 유리 섬유 강화 플라스틱, 티타늄 등 단단한 소재로 만들었죠. 또 육지에서는 무게가 1톤에 이르지만 바닷속에서는 부력재 등의 도움으로 30킬로그램으로 줄어든다고 해요.

무리 지어 헤엄치는 물고기 로봇

고등어는 우리 식탁에서 자주 볼 수 있는 대표 어종이에요. 고등어는 주로 무리를 지어 생활하는데, 바닷속에는 떼로 움직이는 다른 어종들도 많아서 서로 먹이 경쟁을 벌인다고 해요. 이처럼 다양한 어류들이 떼를 지어 생활하는 이유는 무엇일까요? 과학자들은 물고기들이 생활하는 환경과 다른 어류와의 상호작용 방식을 알아봄으로써 그 이유를 찾으려고 했어요. 물속에서 한 개체의 움직임은 소용돌이 등으로 주변 바닷물의 흐름에 변화를 일으키고, 이 같은 변화는 근처의 다른 개체들에게 영향을 준다고 해요.

수중 로봇은 이러한 해양 생태계 연구에도 큰 역할을 하고 있어요. 특히 최근에는 로봇 물고기를 활용한 연구들이 주목을 받고 있습니다. 2020년 10월에는 독일 막스플랑크 동물행동연구소의 이안 쿠진 박사를 비롯한 독일과 헝가리, 중국 연구 팀이 로봇 물고기를 활용해 물고기가 떼를 지어 군집 유영을 하는 이유를 밝혀내 주목받았어요.

연구 팀은 물고기가 혼자 헤엄칠 때와 무리를 이루어 함께 움직일 때 각 개체에서 일어나는 에너지 소비 정도를 분석했어요. 다만 실제로 헤엄치는 물고기의 에너지를 분석하기엔 어려움이 따라서 물고기와 똑같이 움직이는 로봇 물고기를 만들어 실험에 이용했지요. 길이 45센티미터, 무게 800그램의 로봇 물고기는 부드러운 방수 고무로 싼 모터가 관절의 움직임을 조절해 마치 실제 물고기가 움직이듯이 헤엄치도록 개발되었어요.

　　실험 결과 로봇 물고기가 혼자 유영할 때보다 떼 지어 같이 헤엄칠 때 에너지 소비가 뚜렷하게 줄어드는 것을 확인할 수 있었어요. 앞에 가는 물고기가 만들어 낸 소용돌이가 뒤쪽으로 흘러가면서 뒤따르는 물고기가 이 소용돌이를 이용해 혼자 헤엄칠 때보다 훨씬 적은 에너지로 유영할 수 있다는 걸 알아낸 거예요. 이처럼 떼를 지어 움직이는 어류의 행태를 분석하는 것은 생태 연구는 물론 어업 활동이나 수중 이동 수단과 같은 산업 연구 분야에서도 유용하게 활용될 수 있다고 해요.

섬세한 바닷속 연구를 위한 오징어 로봇

　　아름다운 바닷속 모습을 떠올릴 때 어김없이 등장하는 것 중하나가 산호초입니다. 산호초는 산호충의 분비물인 탄산칼슘이 쌓여서 만들어진 암초인데, 해안 지역의 침식을 막아주고 다양한 해양 생물들에게 서식처를 제공하는 중요한 역할을 하고 있어요. 특히 오스트레일리아 북동쪽 해안에 위치한 세계 최대의 산호초 지대인 '그레이트배리어리프(Great Barrier Reef)'가 유명하지요.

그런데 최근 기후 변화로 그레이트배리어리프의 산호초들이 해마다 급격하게 감소하고 있다고 해요. 기후 위기로 인해 매년 바닷물 온도가 높아지면서 산호가 산소와 영양분을 배출하지 못하고 하얗게 변하면서 죽어가고 있기 때문이지요. 그동안 과학자들은 사람이 직접 접근하기 힘든 바닷속 생태계 연구에 무인 잠수정을 이용해 왔지만, 산호와 주변의 작은 생물들은 작은 충격에도 민감해서 근접 연구가 어려웠다고 해요.

2020년 10월 미국 캘리포니아대학교의 마이클 톨리 교수 연구팀은 이러한 문제를 해결하기 위해 오징어 모양의 소프트 로봇인 '스퀴드봇(Squidbot)'을 개발했어요. 소프트 로봇은 보통 유연하고 신축성 있는 재료를 활용해서 만들기 때문에 단단한 소재로 만든 로봇보다 움직임이 부드럽고 형태 변화가 쉽다는 게 특징이지요. 스퀴드봇은 표면이 부드러워서 산호초 주변에 좀 더 섬세하게 접근할 수 있어요. 또한 내부에 물을 빨아들인 뒤 분사할 수 있는 펌프가 장착되어 있어서 뒤로 물을 조금씩 뿜어내면서 이동할 수 있답니다. 실험 결과 스퀴드봇은 1초에 32센티미터를 이동하면서 방향 전환도 쉽게 할 수 있다고 해요. 게다가 주변 환경을 인식하는 센서와 카메라도 달려 있어 영상 촬영도 가능하다고 해요.

바닷속을 누비는 꽃게와 물고기 떼, 오징어 로봇을 상상해 보세요. 앞으로 또 어떤 로봇이 나타날까요?

수중 청소 로봇

수중 로봇 중 수중 청소 로봇은 실제로 사용하고자 하는 곳이 많아서
수중 로봇 시장에서 가장 인기 있는 분야 중 하나예요. 목적에 따라 수중
바닥 청소 로봇, 수중 드론 로봇, 선체 청소 로봇 등 다양한 수중 청소
로봇이 개발되고 있지요.
수중 바닥 청소 로봇은 바다의 오염 물질을 제거하는 등 잠수부나
쓰레기 청소 선박이 닿지 않는 수심 깊은 곳을 청소해요. 수중 드론
로봇은 바다의 오염을 실시간으로 감시하고 항구나 운하 등의 쓰레기를
청소하고, 선체 청소 로봇은 물에 잠기는 선박의 선체 하부를 청소합니다.
수중 청소 로봇이 각광받는 이유는 해양 오염을 막아주기 때문이에요.
한 가지 예로 수초, 따개비, 슬라임 같은 수생 미생물들은 선박에 붙어
부식은 물론 해양 오염까지 일으켜요. 그런데 수중 선체 청소 로봇이
선박에 붙은 미생물들을 제거해 줌으로써 해양 오염 예방에 크게 도움이
되고 있답니다.

수중 로봇

경상북도 봉화군
백두대간 글로벌
시드볼트

-20

노르웨이
스발바르 글로벌
시드볼트

식물 멸종을 대비하는
씨앗 금고

시드볼트

　〈월-E(WALL-E)〉는 인류가 더 이상 살지 않는 지구를 배경으로 하는 애니메이션이에요. 환경 오염으로 지구에서 살기 어려워지자 인류는 우주로 이주하고, 사람들이 우주 유람선을 타고 떠도는 동안 로봇을 이용해 지구를 청소하려는 계획을 실행하지요. 하지만 700여 년이 흐르도록 지구의 쓰레기를 없애지 못하고 로봇들도 대부분 고장이 나버려서 결국 지구는 폐허가 되고 말아요. 주인공인 쓰레기 처리 로봇 월-E는 지구에 혼자 남아 작동하고요.

　그러던 어느 날, 특별한 임무를 띠고 우주에서 지구로 파견된 새로운 로봇 이브(EVE)가 나타납니다. 만들어진 지 700년이나 된 월-E보다 훨씬 세련된 디자인의 신식 로봇인 이브의 이름은 '외계 식생 평가사(Extraterrestrial Vegetation Evaluator)'를 줄인 말이라고 해요. 여기서 식생이란 지구 표면을 덮고 있는 식물 집단을 뜻하는데, 이브는 쓰레기 더미가 된 지구 곳곳을 탐색하며 자신의 이름처럼 식물을 찾는 임무를 수행하지요. 식물을 찾는 것이 왜 특별한 임무였을까요?

식물이 중요한 이유

사람을 비롯한 모든 생물체는 지구상에서 서로 관계를 맺고, 주변 환경과도 영향을 주고받으며 살아갑니다. 이렇게 생물적 요소와 비생물적 환경 요소를 합쳐서 생태계라고 부르지요. 생태계는 먹이 사슬에 따라 서로 먹고 먹히면서 유지돼요. 먹이 사슬 맨 아래에 위치하는 식물은 태양 에너지를 통해 광합성을 하고 포도당과 산소를 만들어 내요. 식물이 없으면 다른 초식 동물과 육식 동물은 성장하고 번식하기 어렵습니다. 〈월-E〉에서 이브가 식물을 찾아다닌 이유도 이 때문이에요. 만약 지구상 모든 생물이 사라지더라도 생산자인 식물만 다시 키울 수 있다면, 다른 생물체들도 언젠가 등장할 것이란 희망을 품을 수 있는 것이지요. 그래서 식물이 멸종하지 않도록 잘 관리하는 것은 인류에게도 매우 중요한 일이랍니다.

2021년 7월 국립생물자원관은 554종 식물의 멸종 위험 상태 등을 조사한 《국가생물적색자료집》 개정판을 발간했어요. 188종은 멸종이 우려되는 상황이었고, 나도풍란, 다시마고사리삼, 무등풀, 벌레먹이말, 줄석송 등 5종은 과거 우리나라에 살았지만 이제는 볼 수 없어 멸종된 것으로 나타났어요. 우리나라뿐 아니라 전 세계적으로 기후 변화나 자연재해, 질병 등으로 멸종이 우려되는 식물들이 해마다 늘어나고 있어요. 2022년 영국 왕립식물원의 조사에 따르면, 전 세계 식물 종의 40퍼센트가 멸종 위기에 놓여 있다고 합니다.

식물의 DNA와 종자를 보관해요

식물의 씨앗인 '종자'는 겉이 단단한 껍질로 싸여 있어서 살기 적당한 환경이 될 때까지 휴면 상태를 유지할 수 있어요. 동물들이 겨울잠을 자는 것과 비슷해요. 식물에 따라 휴면 기간은 수 주에서 수년에 이른다고 해요. 각국 정부는 식물의 멸종을 막고 육성과 복원을 위한 종자 저장 시설을 운영하고 있어요. 대표적인 종자 저장 시설이 바로 '종자은행(seed bank)'과 '시드볼트(seed vault)'입니다. 두 시설 모두 종자를 건조시킨 뒤 밀봉하여 저온에 장기 보관한다는 공통점이 있지만, 운영 목적에 차이가 있어요. 종자은행은 현재의 식물 연구나 증식의 목적으로 종자와 식물의 DNA 정보를 보관하는 시설이지만, 시드볼트는 현재가 아닌 지구에 더이상 식물이 없게 되었을 미래를 위해 종자를 저장해 두는 시설이에요. 그래서 종자은행은 중·단기적인 저장을 하고 종자의 출입이 상대적으로 자주 일어나지만, 시드볼트는 영구적인 저장을 목적으로 하고 있기 때문에 정말 특수한 상황이 아니고는 종자를 절대 반출하지 않는다고 해요. 종자은행이 2006년 기준 1,300여

군데에 이를 정도로 세계 여러 곳에 많이 존재하는 것과 달리, 시드볼트는 전 세계를 통틀어 단 두 곳에만 있어요.

동그란 버섯 모양의 백두대간 시드볼트

시드볼트란 '씨앗(seed)'과 '금고(vault)'를 합친 말이에요. 기후 변화로 인한 자연재해, 전쟁이나 핵폭발, 소행성 충돌 등 예기치 못한 대재앙으로 지구의 생물이 대규모로 멸종할 가능성이 늘 존재해요. 시드볼트는 인류에 이런 대재앙이 닥쳤을 때를 대비해 식물 종자들을 보관합니다. 그래서 '지구 최후의 날 저장고' 또는 '현대판 노아의 방주'라는 별명으로도 불린답니다.

종자를 장기 보관하는 시드볼트 두 곳은 2008년 건립된 노르웨이 스피츠베르겐섬의 '스발바르 글로벌 시드볼트'와 2015년 우리나라 경상북도 봉화군에 있는 '백두대간 글로벌 시드볼트'입니다. 두 곳 다 세계 각국에서 종자를 받아 무료로 보관하고 있어요.

백두대간 시드볼트는 해발 600미터에 세워졌으며, 동그란 버섯 모양이에요. 지하 46미터에 터널을 뚫어 종자들을 그곳에 보관하고 있어요. 이곳은 두께가 60센티미터에 이르는 강화 콘크리트와 3중 철판 구조로 이루어져 있으며, 출입이 매우 철저하게 통제돼요. 규모 6.9의 지진을 버틸 수 있는 내진 설계는 물론, 전쟁 등 혹시 모를 전력 중단에 대비해 자가 발전기도 운영해요. 내부는 종자가 깨어나지 않도록 섭씨 영하 20도와 상대 습도 40퍼센트 이하로 유지됩니다. 이곳에만 200만 점이 넘는 종자를 보관할 수 있다고 해요.

북극 근처에 있는 스발바르 시드볼트

노르웨이 스발바르 시드볼트는 식량 자원 역할을 하는 작물 종자를 주로 보관하고 있어요. 반면에 우리나라 시드볼트는 작물 종자뿐만 아니라 야생 식물 종자까지 보관하고 있지요. 스발바르 시드볼트는 북극에 가까이 있어서 매우 추워요. 그래서 산 중턱을 수평으로 100미터 뚫어 만든 터널 끝에 방 3개를 배치했어요. 방마다 종자 150만 개를 저장할 수 있는데, 현재 방 하나에 우리나라와 북한, 미국 등 전 세계에서 온 111만 종자를 저장하고 있어요. 방이 다 차면 다른 방을 사용해요. 이 시드볼트는 내부를 섭씨 영하 18도로 유지해 주는 쿨링 시스템을 운영해요. 만약 시스템에 문제가 생기더라도 바깥이 섭씨 영하 3~4도를 유지하는 영구 동토층(지층 온도가 연중 섭씨 0도 이하로 얼어 있는 땅)이라 종자들이 깨어날 위험이 덜하다고 합니다.

시드볼트는 정말 특수한 상황이 아니면 한번 들어온 종자를 절대 반출하지 않아요. 백두대간 시드볼트에 보관된 종자는 한 번도 반출된 적이 없고, 스발바르 시드볼트는 2015년 9월 시리아에서 내전으로 종자은행이 무너지고 먹거리가 부족해지자 종자 샘플 130개 정도를 딱 한 번 꺼내서 준 적이 있다고 합니다.

700년 만에 핀 '아라홍련'

2009년 경상남도 함안의 성산산성에서 문화재 발굴 도중 약 700년 전 고려 시대 것으로 추정되는 연꽃 씨앗이 발견되었어요. 이 씨앗을 이듬해 심었더니 꽃이 폈지요. 기존 연꽃 중 같은 종을 찾을 수 없는 것으로 보아 과거에 살다 멸종한 것으로 추정했어요. 함안 지역이 옛 아라가야였다는 점에서 '아라홍련'이란 이름이 붙었어요. 당시 씨앗은 진흙과 낙엽이 켜켜이 쌓인 부엽층 안쪽 진공 공간에 박혀 있어 썩지 않고 싹도 틔우지 않은 채로 오랜 세월 보존된 것으로 추정되었어요. 이렇게 종자를 보관해 두면 어떤 종이 멸종된 뒤에도 다시 복원할 수 있지요.

연꽃

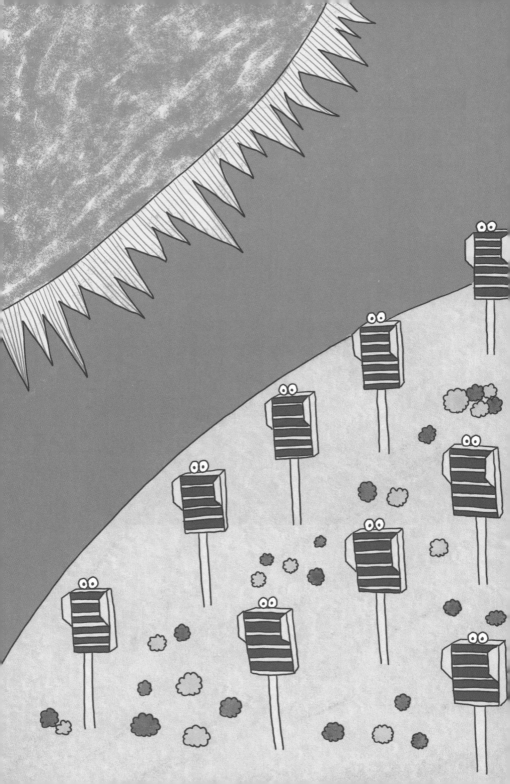

나무와 구름을 만들어 지구 기온을 낮춰요

지구공학

2021년 서울에서는 예년보다 빠른 3월 24일에 벚꽃이 피기 시작했어요. 최근 몇 년간 가장 빨리 벚꽃이 핀 해였는데, 기상청이 벚꽃 개화를 관측하기 시작한 1922년 이래 가장 빨랐다고 합니다. 이런 추세라면 4월 5일로 지정된 식목일을 2~3주 정도 앞당겨야 한다는 주장도 제기되고 있을 정도예요.

이런 현상이 관찰될 때마다 지구 온도 상승에 대한 우려와 해결 방법에 대한 전 지구적인 고민이 커집니다. 전 세계 과학자들도 기후 변화 문제를 해결하기 위해 고민하고 있어요. 이 가운데 공학 기술로 지구의 기후 시스템을 인위적으로 조절해 문제를 해결하려는 분야가 있습니다. 지구공학(geo-engineering) 또는 기후공학(climate-engineering)이라고 해요.

기온을 낮추는 인공 나무와 인공 구름

지구의 기후는 대기와 해양, 육지가 연결돼 순환하는 시스템입니다. 지구공학은 이 과정 가운데 어딘가에 개입하려는 것이지요. 기후 변화에 관한 지구공학적 연구 방법은 크게 두 가지로 나뉩니다. 하나는 지구 온난화를 일으키는 대표적인 온실 기체인 이산화탄소를 대기에서 없애는 방법이에요. 이불 속에 들어가면 몸이 따뜻해지는 것처럼 대기 중의 이산화탄소는 지구가 내뿜는 열을 가두어 지구의 기온을 높여요. 그러니 지구 온난화 현상을 막으려면 이산화탄소 농도를 낮춰야 하는 거지요.

이산화탄소를 줄이려면 숲을 많이 만들어서 이산화탄소를 흡수하게 하면 됩니다. 그러나 이 방식 말고도 다양한 방법이 연구되고 있어요. 실제 나무보다 더 많은 이산화탄소를 흡수하는 '인공 나무(나무 역할을 하는 기계 장치)' 숲 조성하기, 대기 중 이산화탄소를 모아 액체로 만든 다음 땅속이나 바닷속 깊은 곳에 묻기, 이산화탄소를 흡수하는 식물성 플랑크톤이 많아지도록 바다에 철분 씨앗을 뿌리기, 해저의 심층수를 표층까지 끌어 올려 심층수에 사는 해조류가 이산화탄소를 흡수하게 하기, 산소가 없는 밀폐된 곳에서 유기물(탄소 화합물)을 태워 만든 바이오 숯을 이용해 이산화탄소를 흡수시키기 등 다양한 방법이 연구되고 있어요.

지구 기온을 낮추는 또 다른 방법은 지구로 들어오는 태양 에너지를 관리하는 것입니다. 보통 지구에 도달하는 태양광의 약 30퍼센트는 우주로 반사되고 나머지는 지구 표면에 흡수돼요. 이때 열을 받은 땅에서는 적외선이 방출되는데 대기 중의 이산화탄소가 이를 흡수했다가 다시 에너지로 뿜어내면서 지구 온도가 상승합니다. 그러니 지구로 들어오는 태양광을 더 많이 반사해 우주로 내보내면 지구 기온은 떨어지게 되겠지요.

지구공학자들은 이를 위해 다양한 아이디어를 냈어요. 대형 거울을 우주 공간에 설치해 태양에서 오는 빛을 차단하는 방법, 인공 구름을 만들어 태양광을 반사하는 방법, 지표면에서 약 10~50킬로미터 떨어진 성층권에 이산화황 같은 화학 물질을 뿌려서 일종의 방어막을 만들어 태양광이 지구로 들어오지 못하도록 하는 방법 등이 연구되고 있답니다.

커다란 풍선으로 지구를 식힐 수 있을까?

과학자들은 이 같은 과학적 상상 가운데 일부를 실험을 통해 진척시키기도 했어요. 미국 하버드대학교의 기후학자 데이비드 키스 교수 연구 팀이 2014년 '스코펙스' 프로젝트를 최초로 시도했지요. 연구진은 1991년 필리핀 피나투보 화산 폭발에서 아이디어를 얻었다고 해요. 화산 분화 당시 화산재와 화산 가스 덩어리가 지표면에서 약 35킬로미터 높이까지 치솟았는데 이때 화산 가스에 포함된 황산 가스가 태양광을 반사하거나 흡수하면서 당시 지구 기온이 섭씨 0.5도 정도나 낮아졌답니다.

연구진은 6년 동안의 연구로 인체에 해로운 황산 가스 대신 탄산칼슘 입자를 성층권에 뿌리면 지구 기온을 낮출 수 있다는 결론에 도달했어요. 이 연구 결과를 토대로 2020년 12월에 성층권 실험 계획을 발표했어요. 길이 1킬로미터, 지름 100미터에 이르는 대형 풍선에 탄산칼슘 입자를 넣어 날려 보낸 뒤 우주 공간에서 터뜨려 태양광을 반사하거나 흡수하는 방어막을 형성할 계획이었죠.

그런데 2021년 3월 31일 연구진은 실험 계획을 취소한다고 공식 발표했어요. 이 실험으로 생길 수 있는 부작용과 역효과를 우려했기 때문이에요. 우주에서 들어오는 태양광을 막을 수는 있지만 그렇게 줄어든 태양광이 지구에 어떤 영향을 끼칠지 알 수 없다는 이유였죠. 기온을 낮출 수는 있어도 지구라는 거대한 기후 시스템에 예상치 못한 부작용이 나타날 수 있다는 거예요.

사실 이 같은 우려는 지구공학 연구가 지니는 본질적인 한계이기도 해요. 기후는 지구 전체와 연결돼 있어요. 어느 한 지역에서 지구의 기후 시스템에 인위적으로 개입하면 다른 지역에서는 그에 대한 반작용으로 예측하기 어려운 영향이 나타날 수밖에 없거든요. 피나투보 화산이 폭발했을 때도 지구 평균 기온은 하락했지만, 강우량이 10~20퍼센트 줄어 이듬해 대가뭄이 발생했어요. 그럼에도 불구하고 지구 온난화에 대응하려는 지구공학적 연구는 계속 이루어지고 있어요. 언젠가 지구 온난화가 극도로 심각해져서 그에 따른 위험이 커진다면 부작용을 무릅쓰고서라도 지구공학적 방법을 실행에 옮겨야 할 거예요. 그런 날이 오지 않기를 바라지만, 그때를 대비할 필요는 있겠지요.

정보 더하기! 유엔 국제기구의 지구공학 연구

기후변화에관한정부간협의체(IPCC)는 세계기상기구(WMO)와 유엔환경계획(UNEP)이 1988년 공동으로 설립한 유엔 국제기구로, 기후 변화가 얼마나 빠른 속도로 진행되고 있는지 과학적으로 연구하고 있어요. 전 세계 기상학자, 해양학자 등 전문가 3,000여 명이 이 기구에서 활동하면서 5~7년마다 기후 변화와 관련한 분석 보고서를 발표하지요. 2014년 발표한 5차 보고서에 지구공학 방법론이 담겼고, 2021년 6차 보고서에선 지구공학이 과연 바람직한 방법인지에 관한 고민이 담겼어요. 이 기구는 기후 변화 문제 해결을 위한 공로를 인정받아 2007년 노벨 평화상을 받았어요. 2015년에는 이회성 박사가 6대 의장으로 선출되어 2023년까지 활동하기도 했습니다.

4. 지구를 넘어
우주로

정말 일곱 가지 색깔일까?

무지개

한여름 낮, 소나기가 세차게 쏟아지다가 그치자 하늘 곳곳에 쌍무지개가 나타 났어요. 선명한 무지개 위로 희미한 무지개가 하나 더 뜬 거예요. 운 좋게 쌍무지 개를 목격한 사람들은 저마다 스마트폰을 꺼내 사진을 찍고 소셜 네트워크 서비 스(SNS)에 올려 자랑을 하기도 합니다. 무지개를 보면 신기하기도 하고 왠지 좋은 일이 생길 것만 같죠. 게다가 무지개 두 개가 한꺼번에 뜨는 쌍무지개를 보면 행운 이 따른다고 하니 들뜰 만도 합니다.

무지개는 어린이뿐 아니라 어른들도 동심으로 돌아가게 해줄 만큼 아름답고 신비한 기상 현상이에요. 영국의 낭만파 시인 윌리엄 워즈워스는 「무지개」라는 시에 서 "하늘의 무지개를 볼 때마다 내 가슴 설레느니 나 어린 시절에 그러했고 다 자 란 오늘에도 매한가지 쉰 예순에도 그렇지 못하다면 차라리 죽음이 나으리라 어린 이는 어른의 아버지 바라노니 나의 하루하루가 자연의 믿음에 매어지고자"라고 노 래했습니다. '물과 빛과 공기가 만들어 내는 예술'이라고도 불리는 무지개는 어떻 게 만들어지는 걸까요?

빛이 두 번 반사되어 생기는 쌍무지개

무지개는 햇빛이 물이나 유리 같은 투명한 물질을 통과할 때 굴절이 일어나 여러 색깔로 나뉘어 보이는 현상이에요. 비가 온 직후 공기 중에는 아직 물방울들이 떠다니고 있는데, 이때 햇빛이 물방울 속으로 들어갔다가 물방울 뒷면에서 반사된 다음 본래 빛이 왔던 방향으로 다시 빠져나오게 됩니다. 물방울에 들어갈 때와 나올 때 빛의 굴절이 일어나지요. 빛은 색깔에 따라 꺾이는 정도가 달라서 바깥쪽 빨간색부터 안쪽 보라색까지 빛들이 스펙트럼으로 나타납니다. 이게 바로 무지개예요.

그런데 대기 중에 수증기량이 많아서 물방울이 크면 '쌍무지개'가 생기기도 해요. 두 번째 무지개는 햇빛이 물방울 안에 들어가 한 번 더 반사되기 때문에 첫 번째 무지개와 반대로 안쪽이 빨간색이고 바깥쪽이 보라색이랍니다. 굴절과 반사를 거치며 빛의 양이 전체적으로 줄어들어서 두 번째 무지개는 첫 번째 무지개보다 흐릿하게 보여요. 첫 번째 무지개는 '수무지개', 두 번째 무지개는 '암무지개'라고 부르기도 해요. 집중 호우로 공기 중에 물방울이 많으면 쌍무지개를 볼 수 있답니다.

마찬가지로 빗방울 안에서 반사가 세 번 일어나면 세 번째 무지개도 만들어질 수 있어요. 하지만 세 번째는 두 번째보다도 더 흐릿할 가능성이 높아서 관찰되기가 거의 어렵다고 해요.

달 무지개, 단색 무지개도 있어요

쌍무지개 말고도 무지개의 종류는 다양해요. 태양 빛이 아니라 달빛의 굴절로도 무지개가 생길 수 있는데, 이를 '달 무지개(moonbow)'라고 해요. 달빛은 태양 빛보다 약하기 때문에 무지개가 그렇게 선명하지 않고 보기도 어렵답니다. 안개처럼 매우 작은 물방울에 햇빛이 비쳐 생기는 무지개는 '안개 무지개(fogbow)'라고 불러요. 보통 희미한 하얀색으로 보이지요. 일몰이나 일출 때 대기 중에 수증기가 많으면 붉은색의 단색 무지개(monochrome rainbow)가 생길 수 있어요. 일몰 때 태양 빛은 상대적으로 두꺼운 대기층을 지나야 해서 파장이 짧은 파란색 등은 모두 산란돼 눈에 보이지 않고 파장이 긴 붉은색만 눈에 보이기 때문이에요.

무지개를 뜻하는 영어 rainbow는 비(rain)가 내린 뒤 볼 수 있는 활(bow)이란 뜻이에요. 무지개는 언제나 활처럼 반원을 그리고 있으니까요. 하지만 본래 무지개는 원 모양이래요. 물방울에 반사돼 나오는 빛은 원뿔 모양이에요. 우리가 원뿔의 꼭짓점에서 바라본다고 할 때 무지개는 원기둥의 밑면인 원의 둘레처럼 보이죠. 그런데 우리 눈에 무지개가 반원 모양으로 보이는 것은 나머지 부분이 지표면에 가려서 볼 수 없기 때문이랍니다. 비행기를 타고 하늘 위로 높이 올라가면 원형의 온전한 무지개를 관찰할 수 있다고 해요.

무지개는 정말 일곱 색깔일까요?

무지개 하면 빨주노초파남보의 일곱 가지 색깔이 떠올라요. 하지만 무지개색은 나라마다 다르다고 합니다. '오색영롱한 무지개'라는 말을 들어봤나요? 우리 옛 선조들은 무지개를 흑백청홍황(黑白靑紅黃)의 '오색 무지개'라고 불렀어요. 여기서 오색은 글자 그대로 다섯 색깔이 아니라 우주에 존재하는 모든 색을 뜻해요. 영미권에선 남색을 빼고 여섯 색깔로 표현하는 곳도 있고, 아프리카에선 부족마다 달라서 심지어 서른 가지 색깔로 표현하기도 한대요. 색에 대한 지식이나 문화에 따라 무지개색도 다르게 나눈 것이죠.

무지개가 빛의 굴절로 나타난다는 과학적 원리를 처음 규명한 사람은 17세기 프랑스의 철학자 르네 데카르트(1596~1650)였습니다. 하지만 지금처럼 무지개 색채를 일곱 가지로 정한 사람은 영국의 과학자 아이작 뉴턴(1642~1727)이에요. 뉴턴은 빛의 성질을 연구하는 실험에서 빛을 프리즘에 통과시키면 다양한 색깔로 나뉘는 모습을 확인했는데, 그 색깔을 일곱 가지로 구분해 기록했어요. 서양에서는 '도레미파솔라시'의 '7음계', 행운의 숫자 '7'처럼 7이 완전한 숫자라는 인식이 있어요. 그래서 일곱 색깔로 정한 것이라고 알려져 있습니다.

하지만 실제로 무지개를 관찰하면 수많은 색이 뚜렷한 경계 없이 존재하는 것처럼 보이지요. 또, 빛을 프리즘에 통과시키면 207가지 색깔까지 구분할 수도 있다고 합니다. 이것도 사람의 눈으로 확인 가능한 범위만 그렇다고 하니, 진짜 무지개색은 몇 개라고 할 수 있는 걸까요?

정보 더하기! 신화 속 무지개

북유럽 신화에서 신은 하늘과 땅을 연결하는 '비프로스트'라는 무지개다리를 세워요. 티베트 신화에서도 무지개는 인간과 신이 하늘을 오르내리는 통로 역할을 하고요. 그리스·로마 신화에 나오는 여신 이리스(Iris)는 무지개를 의인화한 존재로, 신의 뜻을 인간에게 전달해 주는 전령 역할을 한답니다.

무지개

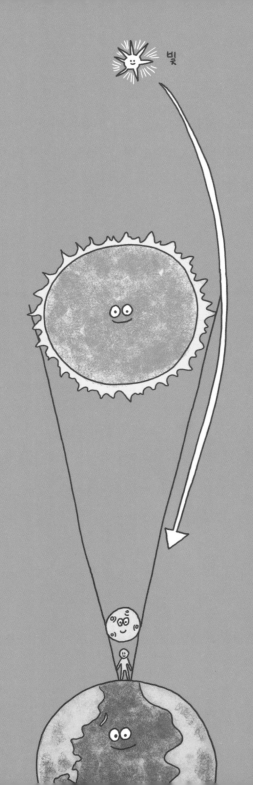

별빛을 휘어지게 하는 범인은?!

상대성 이론

직선 방향으로만 곧장 달린다고 알려진 친구가 있습니다. 이 친구가 100미터를 달려 우리 앞 정면으로 뛰어왔을 때, 그것이 언제라도 우리는 이 친구의 출발 지점을 추리할 수 있었죠. 그런데 어느 날 놀라운 소식을 알게 되었어요. 항상 직진만 하는 줄 알았던 이 친구가 어떤 경우에는 휘어진 경로로 달리기도 한다는 걸요. 1919년 5월 29일, 이날은 과학자들이 이 친구가 직진하지 않는다는 증거를 직접 관찰한 날이었습니다. 1초에 무려 지구 일곱 바퀴 반에 해당하는 약 30만 킬로미터를 돌 수 있는 이 친구는 누구일까요? 바로 빛입니다.

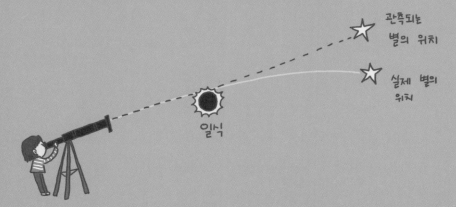

관측되는 별의 위치

실제 별의 위치

일식

아인슈타인과 상대성 이론

고대 그리스 시대부터 빛은 직진한다고 알려졌어요. 고전 물리학을 정립한 아이작 뉴턴 역시 빛이 직진한다는 것을 의심하지 않았죠. 그런데 알베르트 아인슈타인(1879~1955)이 1915년 일반 상대성 이론을 발표하면서 그 믿음이 깨졌습니다.

상대성 이론은 우리를 둘러싼 시간과 공간이 절대적인 것이 아니라 보기에 따라서 바뀔 수도 있다는 것을 설명한 이론이에요. 예를 들어 여러분이 달리는 기차에 앉아 공을 똑바로 위로 던진다고 상상해 보세요. 여러분 눈에 비친 공은 위아래로 수직 운동하는 것처럼 보일 거예요. 하지만 기차 밖에 서 있는 사람에게는 공이 포물선 운동을 하는 것처럼 보일 겁니다. 기차가 앞으로 움직이고 있으니까요. 보기에 따라서 '상대적'이라는 것이 어떤 뜻인지 알겠지요?

아인슈타인은 일반 상대성 이론을 통해 시간과 공간이 독립적이거나 고정된 것이 아니라 서로 상호작용하는 '시공간'이고, 중력이 시공간을 휘게 한다고 했어요. 이 중에서 "중력이 시공간을 휘게 한다"라는 부분을 집중해서 알아볼게요.

아인슈타인의 주장을 간단히 정리하면 "질량이 큰 물체는 큰 중력이 있고, 이 중력은 주변 공간을 휘어지게 한다"라는 겁니다. 철길을 따라 달리는 기차를 생각해 보세요. 기차는 철길을 따라 달리게 되어 있어서 만약 철길이 휘어져 있다면 기차도 휘어져서 달리겠죠.

이제 기차는 빛, 철길은 시공간이라고 생각해 보세요. 아인슈타인은 빛 자체는 기차처럼 직진만 하지만, 빛이 이동하는 공간이 강한 중력으로 휘어져 있으면 빛이 휘어지는 것처럼 보일 거라고 추론했어요.

지구 질량의 약 33만 배에 달하는 태양은 태양계에서 가장 큰 중력을 가지고 있죠. 그래서 아인슈타인에 따르면 태양의 강한 중력은 주변 시공간을 일그러뜨리기 때문에 멀리 있는 별에서 오는 빛이 태양 근처를 지나면 태양의 중력에 따라 진로가 휜다고 생각할 수 있습니다. 그렇지만 처음에 아인슈타인의 이론은 널리 받아들여지지는 않았어요. 수천 년 동안 인류는 빛이 직진한다고 믿었고, 시간과 공간, 질량은 독립적이라고 생각해 왔는데 질량 때문에 시공간이 변형되고 빛이 휘어 보인다니 충격적인 주장이었죠.

개기일식이 안겨준 선물

아인슈타인의 주장대로라면 별빛이 태양 옆을 지날 때 휘어져서 마치 그 별이 태양이 멀리 있을 때와 다른 위치에 있는 것처럼 보이겠지요. 그렇다면 별 하나를 정해서 태양이 근처에 있을 때와 태양이 없는 밤에 비교해 보면 알 수 있지 않을까요?

밤에 별을 관측하는 것은 어렵지 않았어요. 문제는 태양 빛이 강한 낮에는 태양 근처를 지나오는 별빛을 볼 수 없다는 것이었지요. 과학자들은 궁리 끝에 해법을 찾아냅니다. 평상시에 햇빛이 강해 관측이 어렵다면 해가 완전히 가려지는 '개기일식'을 노리면 된다는 거죠. 개기일식으로 햇빛이 가려지면 태양 근처 별빛도 관측할 수 있으니까요.

영국 천문학자 아서 스탠리 에딩턴(1882~1944)은 이 점에 착안해 1919년 5월 아프리카 프린시페섬을 찾아갑니다. 당시에 개기일식을 관측하기에 최적의 장소였거든요. 그 결과 개기일식 때 찍은 별은 전날 밤에 찍힌 장소와 다른 곳에서 빛나고 있었어요. 아인슈타인의 일반 상대성 이론이 실제 관측으로 검증된 순간이었어요.

에딩턴의 관측 그 이후

에딩턴은 이듬해인 1920년 관측 결과를 정리한 논문을 발표해 과학계와 언론을 깜짝 놀라게 합니다. 에딩턴의 검증 덕분에 아인슈타인은 세계적인 천재 과학자로 주목받게 되었고, 일반 상대성 이론도 받아들여졌지요. 제1차 세계대전 직후였던 당시 영국 학자가 과학에 대한 열정으로 적국이었던 독일 출신 물리학자의 이론

을 실제로 검증해 냈기에 더욱 주목을 받았습니다. 덕분에 일반
상대성 이론은 중력파와 블랙홀을 발견하는 데 도움이 되었고, 오
늘날까지도 우주의 기원을 밝히는 연구에 널리 쓰이고 있답니다.

정보 더하기! 약 18개월 주기로 발생하는 개기일식

개기일식은 달이 지구와 태양 사이에 놓여 달이 태양을 전부 가리는
현상입니다. 달이 태양을 서서히 가리기 시작하다가 마침내 완전히
가리면 온 세상이 밤이 된 것처럼 칠흑같이 어두워지죠. 그리고 별이
빛나기 시작해요.
지구상에서 개기일식은 약 18개월을 주기로 장소를 바꾸어 일어납니다.
에딩턴이 개기일식을 관찰하러 아프리카 프린시페섬으로 떠난 것도
그래서였죠. 2021년 12월 4일 남극의 일부 지역에서 개기일식이 일어났고
다음 개기일식은 18개월 후인 2023년에 일어나요.

개기일식

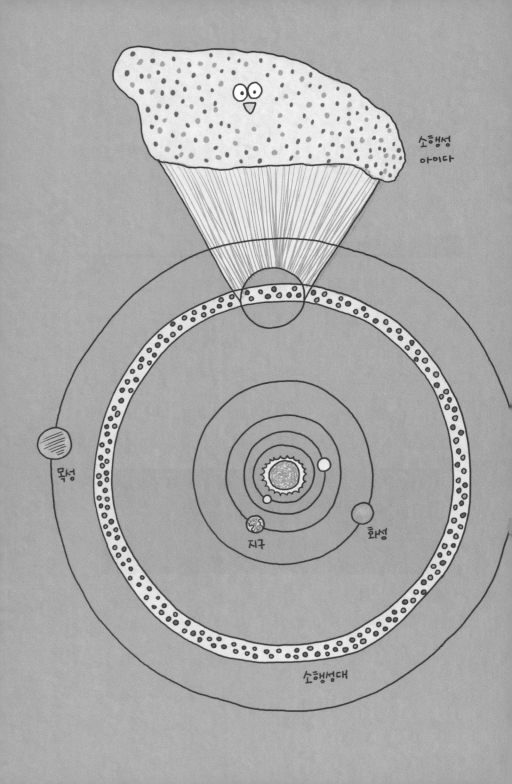

소행성
아이다

목성

지구

화성

소행성대

태양 주위를 돌고 있는
위험한 암석들

소행성

    우주를 떠도는 소행성이 지구를 향해 날아와 충돌하는 일이 실제로 벌어질 수 있을까요? SF 영화에서나 나올 법한 이런 일이 과거 지구에서 실제로 일어났다고 해요. 2020년 5월, 지름이 1.5킬로미터에 달하는 거대한 소행성 '136795(1997BQ)'가 지구로 근접하고 있다는 소식이 들려와 사람들의 관심이 집중됐어요. 하지만 근접이라고 해도 지구와 달 사이 거리(약 38만 킬로미터)의 16배 넘게 떨어져 있어서 충돌 위험 없이 안전하게 지나간 것으로 밝혀졌답니다. 소행성은 무엇이고, 우리에게 어떤 영향을 주고 있을까요?

소행성을 발견한 법칙

지구가 속한 태양계는 밝게 빛나는 항성인 태양을 중심으로 수성, 금성, 지구, 화성, 목성, 토성, 천왕성, 해왕성이 공전하고 있습니다. 이 여덟 천체를 흔히 '태양계의 행성'이라고 불러요.

반면 소행성은 크기가 작고 자체 중력이 부족해 구의 형태를 유지하지 못하는 천체입니다. 크기와 모양이 불규칙한 암석 덩어리이지요. 소행성을 뜻하는 영어 이름인 'asteroid'는 '별과 같은(star-like)'이라는 뜻의 그리스어에서 유래했습니다. 화성과 목성 궤도 사이에 특히 많이 모여 있는데 이 공간을 '소행성대'라고 불러요.

소행성이 발견된 것은 19세기 초였어요. 이탈리아의 천문학자 주세페 피아치(1746~1826)는 1801년 화성과 목성 사이에서 움직이는 천체를 관찰하고 이를 세레스(Ceres)라고 이름 붙였습니다. 당시엔 태양 주위를 도는 또 다른 '행성'을 발견했다고 생각했지만 이후에 '소행성'으로 분류되었죠. 그리고 2006년에는 국제천문연맹 총회에서 구형이지만 중력은 부족한 '왜행성'으로 재분류되었어요.

소행성이 발견될 수 있었던 건 독일의 천문학자 요한 보데(1747~1826)가 1772년 발표한 '티티우스-보데의 법칙' 덕분이었습니다. 이 법칙은 태양계를 공전하는 행성들이 특정 규칙, 즉

$0.4+0.3×2^n$(n은 1, 2, 3, 4 등 자연수를 넣음)이라는 공식에 따른 거리만큼 각각 태양에서 떨어져 있다는 내용이에요.

천문학에서는 행성 간 거리를 나타낼 때 AU(천문단위)를 사용합니다. 1AU는 태양과 지구 사이의 거리(약 1억 5,000만 킬로미터)를 뜻해요. 티티우스-보데 법칙에 따르면 이론적으로 수성은 태양과 0.4AU, 금성은 0.7AU, 지구는 1.0AU, 화성은 1.6AU, 목성은 5.2AU, 토성은 10AU, 천왕성은 19.6AU 떨어져 있어야 했어요. 그런데 놀랍게도 실제 관측을 해봤더니 태양과 행성의 거리가 각각 0.39, 0.72, 1.0, 1.52, 5.2, 9.55, 19.2AU로 이론과 거의 같았답니다.

그런데 이 법칙에 따르면 화성과 목성 사이인 '2.8AU' 근처에 행성이 있어야 했지만 아무것도 발견되지 않은 상태였어요. 천문학자들은 이곳에 반드시 새로운 행성이 있을 것이라고 생각하고 그 위치를 천체 망원경 등으로 열심히 뒤졌지요. 그 결과, 세레스를 발견한 겁니다. 또 그 근처에서 주노, 베스타 같은 수많은 소행성을 잇따라 발견하기도 했어요.

소행성 이름 짓는 법

소행성을 발견하면 일단 발견된 시기를 바탕으로 임시 이름을 붙여줘요. 맨 앞에는 발견한 연도를 쓰고, 그 뒤에는 한 달을 전반부와 후반부로 나눠 1년 열두 달을 I를 뺀 A부터 Y까지 24개 알파벳으로 표시해요. 예컨대 1월 1~15일까지는 A, 1월 16~31일까지는 B, 2월 1~15일까지는 C, … 이런 식으로 알파벳을 붙이는 거예요. 이때 알파벳 I는 숫자 1과 헷갈릴까 봐 쓰지 않고 H 다음에 바로 J를 사용합니다. 그 뒤에는 발견된 순서를 따져서 또다시 알파벳(I를 뺀 A~Z)으로 나타내요.

예를 들어, 2023년 6월 1일 발견된 첫 번째 소행성이면 '2023' 다음에 6월 1일에 해당하는 알파벳 'L'과 그 기간 내 첫 번째 발견이라는 뜻에서 'A'라는 임시 번호를 주는 거예요. 즉, '2023 LA'가 되죠. 만약 해당 기간에 소행성이 집중적으로 발견되어 알파벳을 다 써버렸다면 뒤에 숫자를 추가합니다. 26번째 소행성이 발견되었다면 그 소행성의 임시 번호는 '2023 LA1'이 되는 거예요.

소행성을 면밀하게 분석하고 나면 임시 이름은 고유 번호와 이름으로 대체할 수 있어요. 고유 번호는 발견 순서대로 숫자를 누적해서 붙입니다. 가장 먼저 발견된 세레스의 고유 번호가 1번입니다. 사람의 이름도 붙일 수 있어서 장영실, 최무선, 세종, 보현산 등 한글 이름이 붙은 소행성도 있어요.

지구를 위협하는 소행성

한국천문연구원에 따르면 2020년까지 발견된 소행성은 약 79만 개이고, 근지구 소행성은 2만 2,811개인데요. 이 중 지구를 위협할 정도로 가까운 소행성(지구 위협 소행성)은 2,084개나 된다고 해요. 근지구 소행성은 지구와의 거리가 1.3AU(약 1억 9,500만 킬로미터) 이내인 소행성을 뜻합니다. 지구 위협 소행성은 근지구 소행성 중 지구와 궤도가 겹칠 때 거리가 0.05AU(750만 킬로미터) 이내이며 지름이 140미터 이상인 소행성을 뜻해요.

우리가 종종 접하는 소행성 충돌 위험 뉴스는 대부분 이런 지구 위협 소행성 때문입니다. 하지만 소행성이 아무리 가깝게 와도 실제로는 수백만 킬로미터나 떨어져 있어서 당장 충돌할 가능성은 낮다고 해요.

NASA(미 항공우주국)에서는 혹시 모를 지구와의 충돌 가능성에 대비해 다양한 대책도 연구하고 있습니다. 지름 10미터 이하 작은 소행성은 커다란 망으로 포획해 다른 궤도로 옮길 수 있다고 해요. 지름 100~500미터인 거대 소행성에는 아예 우주선을 보내 지름 3미터 정도 크기로 암석을 떼어낸 뒤 소행성 주변에 띄워 공전을 하게 만든답니다. 이렇게 하면 소행성과 암석 사이에 중력이 생기면서 거대 소행성의 궤도가 바뀌기 때문이지요.

소행성에 대한 연구들

지구에 근접한 궤도를 가지는 소행성들은 지구의 역사에서 지구에 엄청난 영향을 주기도 했는데요. 그 대표적인 사례가 공룡의 멸종이에요. 번성했던 공룡이 멸종되어 버린 이유를 밝히려는 연구가 계속됐는데 2019년 10월 독일의 헤네한 박사 연구 팀에 의해 공룡의 멸종은 소행성 충돌 때문이라는 것이 뒷받침되었지요. 연구 팀은 공룡 멸종 전후 시기에 만들어진 유공충화석에 들어 있는 붕소 동위원소 비율을 비교하여 소행성이 지구에 충돌하면서 바닷물의 산도가 급격하게 증가했다는 것을 밝혀냈어요. 갑자기 높아진 산도 때문에 탄산칼슘 껍질을 가졌던 조류들이 죽었고, 이것이 원인이 되어 바다 상층부 생명체의 멸종과 탄소 순환 균형이 깨어지면서 결국 당시 지구 생물의 75퍼센트가 멸종했다고 해요. 이 연구는 미국 《국립과학원 회보(PNAS)》에 발표되었어요.

2020년 5월에는 영국의 콜린스 박사 연구 팀에 의해 공룡을 멸종시킨 소행성이 지구에 굉장히 치명적인 각도로 충돌하여 지구 환경에 급격한 변화를 일으켰다는 것이 《네이처 커뮤니케이션》에 발표되기도 했어요. 연구 팀은 3차원 충돌 시뮬레이션과 당시 소행성이 충돌한 장소인 멕시코 유카탄반도의 칙술루브 충돌구의 지구과학적 자료를 분석하여 소행성이 약 60도의 각도로 지구와 충돌했다는 것을 밝혀냈어요. 이로 인해 엄청난 양의 가스를 대기로 올려보냈고 이때 형성된 수십억 톤의 에어로졸이 지구로 들어오는 햇볕을 차단하여 광합성 차단과 기온 저하를 초래하여 공룡을 비롯한 지구 생물의 대멸종을 일으킨 것이었지요.

소행성이 된 명왕성

1930년 2월 미국의 천문학자 클라이드 톰보는 태양계의 아홉 번째 행성 명왕성을 발견했습니다. 그런데 2006년 8월 24일, 명왕성은 75년 동안 지켜온 지위를 잃고 소행성 '134340'이 되었죠. 국제천문연맹이 태양계 행성의 자격을 "태양의 주위를 돌아야 하고, 충분한 질량을 가져 자체 중력으로 타원이 아닌 구형을 유지할 수 있어야 하며, 공전 구역 안에서 지배적인 역할을 하는 천체여야 한다"라고 새로 정했거든요. 명왕성은 태양 주위를 돌고 구형인 천체이긴 하지만 공전 구역 안에서 지배적인 역할을 하지 못하는 천체이기에 행성의 자격에서 벗어나기 때문이지요.

명왕성

혜성 부스러기가 지구와 만나는 특별한 이벤트

유성우

　무수한 별똥별이 한꺼번에 떨어지는 화려한 우주 쇼를 본 적이 있나요? 2023년 1월 4~5일에는 유성이 1시간 동안 수십 개씩 떨어지는 유성우를 지구 곳곳에서 볼 수 있었어요. '별똥별'이라고도 불리는 유성(流星, meteor)은 밝은 별빛이 하늘을 가르며 땅을 향해 대각선으로 떨어지는 것처럼 보이는 현상이에요. 이런 유성이 비처럼 떨어지는 유성우(流星雨, meteoric shower)는 그 화려한 모습에 빗대어 '우주 쇼'라고도 부른답니다. 그런데 유성우는 왜 생기는 걸까요?

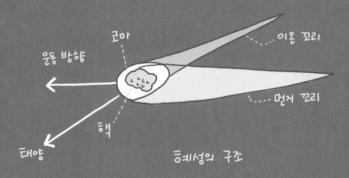

혜성의 구조

꼬리가 두 개 달린 혜성

유성을 올려다보면 마치 유성이 지구를 향해 다가와 떨어지는 것처럼 보이지만, 사실 유성은 우주 공간에 가만히 있고 지구가 움직이기 때문에 우리 눈에는 유성이 움직이는 것처럼 느껴져요. 유성의 생성 원인을 이해하기 위해서는 먼저 혜성에 대해 알아야 해요. 유성의 정체가 대부분 혜성의 부스러기이기 때문이지요. 혜성은 태양이나 질량이 큰 행성 주위를 타원이나 포물선 궤도로 돌고 있는 태양계에 존재하는 작은 천체 중 하나예요. 핵과 코마, 두 가닥의 꼬리 구조로 이루어져 있어요.

핵은 얼음, 규산염, 유기질 등으로 이뤄진 덩어리인데, 태양 빛을 받으면 표면에서 증발이 일어나 가스 대기층이 만들어져요. 이것이 핵을 둘러싸고 있는 코마(coma)예요. 혜성이 태양 가까이 가면 태양열과 태양풍(태양 대기층 이온 입자들이 플라스마 형태로 고속으로 방출되는 것)에 의해 코마가 핵 뒤쪽으로 밀려나면서 마치 꼬리처럼 길게 드리워져요. 코마에는 가스 입자와 먼지 입자가 섞여 있는데, 이 두 종류의 입자가 태양풍에 밀려나는 속도가 달라서 꼬리가 두 개로 나뉘게 됩니다. 이온 가스로 이루어진 이온 꼬리는 푸른색이고, 규산염 먼지 성분인 먼지 꼬리는 하얗고 밝게 빛나요.

과학자들은 해왕성 궤도 바깥쪽에 수많은 소행성이 도넛 모양으로 밀집한 카이퍼 벨트(kuiper belt)가 있고, 그 바깥쪽엔 수없이 많은 천체가 모여 있는 오르트 구름(oort cloud)이 있는데 혜성이 이 두 영역에서 만들어진다고 추정해요.

혜성 부스러기가 타서 만들어지는 유성

혜성은 원래 차갑게 얼어 있는 상태이지만 태양을 중심으로 돌다가 태양 가까이에 가면 표면이 녹으면서 부스러기를 우주 공간에 남겨두고 지나가는데요. 이렇게 혜성 등이 만든 부스러기를 유성체라고 하죠. 이 가운데 일부는 지구가 태양 주변을 공전하는 궤도에 남겨져 있기도 하는데, 지구가 공전하다가 그곳을 지나면 우주 공간에 있던 유성체가 지구 중력에 이끌려 대기권으로 비처럼 떨어지고 이것이 마찰을 일으켜 타면서 빛을 내요. 이게 바로 유성이에요. 그래서 지구에서 하늘을 관측하는 우리에게는 유성이 우리를 향해 흘러 쏟아져 내릴 듯한 별똥별처럼 보이는 것이지요.

지구 궤도에 혜성 잔해가 많이 남아 있으면 시간당 관측되는 유성 수도 많아져요. 유성을 가장 많이 볼 수 있을 것이라고 미리 예측한 극대 시간에 밤하늘을 관측할 수 있는 이상적인 상황에서 1시간 동안에 볼 수 있는 유성의 수를 정점시율(ZHR, Zenithal

Hourly Rate)이라고 해요. 2021년 8월 중순 관측된 페르세우스 유성우는 원래는 정점시율이 150일 것으로 예측됐었는데, 실제로는 14일 밤에서 15일 새벽 사이에 최대 200~260개나 관측되었다고 해요. 별똥별이 1분에 3개 이상 나타난 셈이죠. 그날은 우연하게도 태양계 먼 곳으로부터 온 혜성의 부스러기가 지구와 만나 만들어지는 특별한 이벤트가 우주 공간에 끊임없이 펼쳐졌던 밤이었지요. 연구자들은 예측했던 혜성의 잔해물 지역 외에 또 다른 잔해물 지대가 나타나서 지구와 만나면서 정점시율이 예측보다 높게 나타났던 것이라고 추정했어요.

유성체의 크기는 매우 다양해요. 작은 유성체는 지구 대기권에 떨어지면 대부분 타버리지만, 큰 유성체들은 종종 대기권에서 다 타지 않고 남아 땅에 떨어지기도 해요. 이게 바로 '운석'이에요. 우리나라에서도 2014년 3월 9일 전국 곳곳에서 유성이 관측되었는데, 이후 이 유성에서 떨어져 나온 운석이 경상남도 진주에서 발견되기도 했어요. 과학기술정보통신부에서 펴낸 『2020 우주개발백서』에 따르면, 지금까지 지구에 떨어진 운석은 6만 개가 넘는다고 해요. 굉장한 양이지요. 이 운석은 전 세계적으로 1그램당 5~10달러에 팔려서 '하늘의 로또'라고 불리기도 합니다.

유성우에 별자리 이름이 붙는 이유

유성우는 대개 1년에 몇 차례씩 볼 수 있어요. 지구가 태양 주위를 1년에 한 바퀴씩 공전하기 때문에 같은 궤도에 있었던 혜성의 잔해는 1년 뒤에 또 만날 가능성이 크죠.

유성우에는 별자리 이름을 붙여요. 유성우는 많은 유성이 한 지점에서 방사되어 나오는 것처럼 보이는데, 그 한 지점을 '복사점'이라고 해요. 유성우 이름은 이 복사점 근처에 있는 별자리 이름을 따서 짓는답니다.

2021년 8월 중순에 관측된 유성우의 복사점은 페르세우스자리 근처였고, 10월엔 오리온자리, 11월엔 황소자리와 사자자리, 12월엔 쌍둥이자리, 1월엔 사분의자리, 4월엔 거문고자리, 5월과 7월엔 물병자리 근처에서 유성우가 나타나요. 8월에 나타나는 페르세우스자리 유성우는 1월의 사분의자리 유성우, 12월의 쌍둥이자리 유성우와 함께 '3대 유성우'로 알려져 있어요. 지금까지 유성우를 보지 못했다면 풀벌레 우는 여름밤 7월의 물병자리 유성우나 가을이 무르익는 11월의 황소자리 유성우, 사자자리 유성우, 그리고 크리스마스가 다가오는 12월의 쌍둥이자리 유성우를 관측해 보세요.

새벽 1시, 하늘 중앙을 보세요

유성우를 잘 보려면 몇 가지 조건을 알고 있어야 해요. 먼저, 관측 장소의 밤하늘이 맑고 달빛이 없을수록 잘 관측할 수 있어요. 또 높은 건물이 없고 사방이 트여 있는 곳으로 가는 게 좋아요. 유성우는 새벽 1~2시부터 일출 시각 전까지 가장 잘 보여요. 마지막으로, 우리 머리 꼭대기 부분, 하늘 중앙을 넓게 바라보는 게 좋아요. 고개를 들고 오래 있으면 목이 아프니까 돗자리를 펴고 눕거나 뒤로 많이 젖혀지는 의자를 활용해 보세요.

최근에는 밤에도 건물이나 가로등 불빛으로 환해서 유성을 관측하기 어렵다고 합니다. 유성이 내는 빛보다 주변이 더 밝으니 잘 안 보이는 거죠. 필요 이상의 인공조명으로 피해를 주는 것을 '빛 공해'라고 해요. 빛 공해는 동식물 등 생태계에 피해를 주고, 인간에게도 각종 질병을 유발한다고 하니 더욱 많은 관심과 관리가 필요합니다. 2016년 미국과 이탈리아 연구진이 《과학저널》에 발표한 논문을 보면, 주요 20개국 중 국토 면적 대비 빛 공해 면적 비율이 높은 대표적인 나라는 이탈리아(90.3퍼센트)와 한국(89.4퍼센트)이었어요. 우리나라 빛 공해 문제가 세계적으로 심각하다는 뜻이에요.

유성이 떨어질 때 소원을 빌면 이뤄진다고 하죠. 하지만 유성은 수십분의 1초 또는 단 몇 초 동안만 빛을 내고 사라지기 때문에 유성을 보며 소원을 빌긴 어려울 거예요. 그래도 쏟아지는 유성을 보는 것 자체가 신비하고 즐거운 경험이겠죠? 유성우가 오는 날에는 새벽까지 밤을 지새워 보세요. 운이 정말 좋다면 별똥별이 머리 위로 쏟아지는 듯한 광경을 볼 수 있을 거예요.

정보 더하기! 밤하늘을 되찾아 별을 관찰해요

빛 공해 문제 때문에 천문학자들을 중심으로 '밤하늘 찾기 운동'이 시작됐어요. 별을 볼 수 있는 어두운 밤하늘을 되찾자는 취지로 시작된 이 사회적 운동은 '국제어두운밤하늘협회(International Dark-Sky Association)'를 통해 세계 각국에 '밤하늘 보호 공원'을 지정하여 밤하늘을 지키는 것으로 더욱 확산되었다고 해요. 2015년에는 우리나라 경상북도 영양군에 있는 '반딧불이 공원'이 아시아 최초의 밤하늘 공원으로 지정되었어요. 이 반딧불이 공원은 밤하늘 질 측정 기준으로 두 번째로 높은 실버 등급을 받았는데요. 실버 등급은 하늘에서 발생하는 전반적인 천체 현상과, 1등성부터 6등성까지의 많은 별을 맨눈으로 직접 관찰할 수 있는 정도라고 해요.

반딧불이 공원

3만 6,000킬로미터 상공에서 정보를 보내는 친구들

인공위성

낯과 밤의 길이가 비슷해지는 춘분이 지나고 낯이 밤보다 서서히 길어지는 날들이 이어지면 기온이 점점 올라가 완연한 봄이 되지요. 따사로운 햇살과 꽃 소식에 설레기도 하지만 매년 봄이면 황사나 미세 먼지 걱정이 큽니다. 만약 높은 하늘 위에서 지구 대기를 내려다보면 미세 먼지가 왜 생기고 어떻게 퍼져 나가는지 더 잘 파악할 수 있을 거예요. 그런데 2020년 3월 6일에 미세 먼지를 비롯한 대기 오염 물질을 관측하기 위해 우리나라가 쏘아 올린 인공위성 천리안 2B호가 목표 궤도에 안착했다는 소식이 전해졌습니다. 인공위성은 무엇이고, 우리나라가 만든 인공위성에는 어떤 것들이 있을까요?

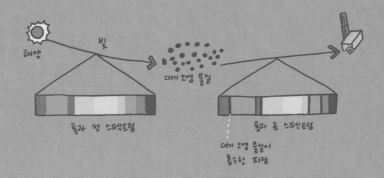

태양 / 빛 / 대기 오염 물질 / 통과 전 스펙트럼 / 통과 후 스펙트럼 / 대기 오염 물질이 흡수한 파장

용도에 따라 궤도가 다른 인공위성

인공위성은 지구 주변을 공전하는 인공적인 장치나 천체를 가리켜요. 용도나 크기, 공전 궤도 등에 따라 여러 가지 종류로 분류할 수 있지요. 정찰, 항법, 통신 등의 기능을 수행하며 주로 군사 목적으로 이용되는 군사 위성, 지구를 관측해 그 결과를 다양한 분야에서 이용할 수 있게 해주는 관측 위성, 지구의 대기 현상을 측정하는 기상 위성, 지상에서 보내는 통신이나 방송 신호를 수신해 다시 지상의 다른 기지국으로 재송신하는 통신 위성, 과학 연구 목적으로 쏘아 올리는 과학 위성 등이 있어요.

또한 공전 궤도 높이에 따라서 저궤도 위성, 중궤도 위성, 고궤도 위성, 정지 궤도 위성으로 나눌 수도 있어요. 저궤도 위성은 고도 250~2,000킬로미터의 상대적으로 낮은 높이에서 돌기 때문에 지구 표면을 관찰하기 위한 관측이나 첩보 목적의 위성들이 주로 해당합니다. 고도 2,000~3만 6,000킬로미터 사이를 도는 중궤도 위성은 위치 정보를 송신하는 항법 위성이 대표적이에요.

2020년 발사한 천리안 2B호는 정지 궤도 위성에 속해요. 정지 궤도 위성들은 3만 6,000킬로미터 높이를 유지하며 공전하는데, 위성이 지구 주변을 도는 공전 속도가 지구의 자전 속도와 같아서 지구에서 위성을 보면 항상 정지해 있는 것처럼 보여요. 3만 6,000킬로미터는 물리적으로 위성이 지구 자전 주기와 같은 공전

주기를 유지할 수 있는 고도입니다. 지구의 같은 곳을 계속 바라볼 수 있고, 중궤도보다 높아 더 넓은 범위를 관측할 수 있다는 장점이 있어서 주로 통신 위성과 기상 위성, 방송 위성 등이 정지 궤도를 따라 이동하고 있지요.

한편 고궤도 위성은 3만 6,000킬로미터보다 높은 고도에 있는 위성을 가리킵니다. 특정 지역 중심의 통신 위성이나 과학 위성이 여기에 해당합니다.

국내 첫 정지 궤도 위성, 천리안 1호

2010년 6월에는 우리나라의 최초 정지 궤도 위성이면서 세계 최초의 정지 궤도 해양 관측 위성인 천리안 1호가 발사에 성공했어요. '천 리 밖을 보는 눈'이라는 이름의 뜻처럼 현재 전 지구를 3시간 간격, 동아시아 지역을 15분 간격, 한반도 주변을 8분 간격으로 관측한 정보를 지구로 보내고 있지요. 이 위성에는 기상 탑재체와 해양 관측 탑재체, 통신 탑재체가 실려 있어서 한반도 주변의 기상과 해양 상황을 관찰하고 있어요.

천리안 1호는 태풍이나 대설, 적조 등 재해 가능성을 분석하는 식으로 날씨 예보를 돕고, 초고화질 위성 방송에도 도움을 주고 있다고 해요.

2018년 12월에 발사된 천리안 2A호와 2020년 2월에 발사되어 그해 3월 궤도에 안착한 천리안 2B호도 정지 궤도에 있습니다. 둘은 같은 형태이면서 실려 있는 탑재체만 다른 쌍둥이 위성이에요. 특히 2A호에는 기상과 우주 기상 탑재체가 실려 있어서 한반도와 주변 지역 기상 정보를 수집하고, 지구뿐만 아니라 우주 폭풍이나 우주 방사선 등 우주에서 일어나는 기상 현상을 관측할 수 있습니다.

반면에 2B호에는 해양 탑재체와 환경 탑재체가 실려 있어요. 2B호는 지상과 교신하며 해양 오염 물질, 해무·해빙, 염분 농도 등 해양 관측 정보를 한국해양과학기술원으로 송신하는 역할을 합니다. 또한 한반도 주변의 대기 환경을 상시 분석해 미세 먼지와 대기 오염 물질을 정밀하게 측정한 정보를 지구에 보내주지요. 이 정보들을 이용하면 그동안 우리를 괴롭혀 왔던 미세 먼지의 원인과 해결책을 파악하는 것이 훨씬 수월해질 거예요.

끊임없는 도전에 응답하는 인공위성

2022년 유엔우주사무국(UNOOSA)의 발표에 따르면 1957년부터 2022년까지 인류가 우주로 쏘아 올린 발사체는 총 1만 4,281기라고 해요. 그중 가장 많은 발사체를 우주로 보낸 나라는 초창

기부터 위성 개발에 적극적으로 참여했던 미국과 러시아예요. 미국은 7,325기, 러시아는 3,658기를 발사했다고 합니다. 우리나라는 2022년까지 51기의 발사체를 우주로 보냈어요.

우리나라는 1989년 항공우주연구소를 설립한 이래 위성 개발을 위해 끊임없이 노력해 왔어요. 우리나라 최초 위성인 '우리별' 시리즈가 1992년 8월 1호를 발사한 이후 3호까지 발사에 성공했고, 1999년 12월에는 다목적 실용 위성인 아리랑 1호도 발사했습니다. '아리랑위성'은 이후 2호, 3호, 5호를 거쳐 3A호까지 발사되어 지구 관측 임무를 수행하고 있지요. 6호와 7호는 현재 개발 중이라고 합니다. 2003년 9월에 발사가 시작된 '과학기술위성' 시리즈도 있어요. 우리나라 최초 천문 우주 관측 위성인 1호 발사 성공 이후, 2호의 실패를 거쳐 2013년 1월 나로과학위성이 발사되었고, 2013년 11월에는 3호가 발사되었어요.

2021년에는 정밀 지상관측이라는 임무를 띠고 500킬로그램급의 '차세대중형위성' 1호가 발사되었어요. 차세대중형위성은 지상을 관측하여 국토 자원을 관리하고, 태풍이나 산불과 같은 재해와 재난 상황에 대응하는 것을 도울 수 있다고 해요. 실제 위성이 보내온, 대형 산불과 지진 피해 지역의 영상을 관련 기관에 제공하여 피해 복구와 구조 활동에 기여하기도 했어요.

많은 사람이 오랜 시간 우주를 향한 꿈과 희망을 품고 노력해

온 덕분에 오늘날 우리가 더욱 쉽게 위성 정보를 이용하고, 위험을 대비하며 생활할 수 있는 것이랍니다.

수천 대의 인공위성들이 눈에 보이지 않는 높은 하늘에서 쉬지 않고 지구를 돌며 우리에게 수많은 정보를 보내오고 있다니, 밤하늘이 오늘따라 평소보다 더 가득 찬 것처럼 느껴지지 않나요? 맑은 날에는 밤하늘을 한번 올려다보세요. 우리 머리 위를 지나가는 인공위성을 운 좋게 발견할 수 있을지도 모르니까요.

우리나라 주요 위성 발사의 역사

1992년 8월 우리별 1호 발사

1993년 9월 우리별 2호 발사

1999년 5월 우리별 3호 발사

1999년 12월 아리랑 1호 발사

2003년 9월 과학기술위성 1호 발사

2006년 7월 아리랑 2호 발사

2010년 6월 천리안 1호 발사

2012년 5월 아리랑 3호 발사

2013년 1월 나로과학위성 발사

2013년 8월 아리랑 5호 발사

2013년 11월 과학기술위성 3호 발사

2015년 3월 아리랑 3A호 발사

2018년 12월 천리안 2A호 발사

2020년 2월 천리안 2B호 발사

2021년 3월 차세대중형위성 1호 발사

2023년 5월 도요샛(SNIPE) 발사

천리안 2B호

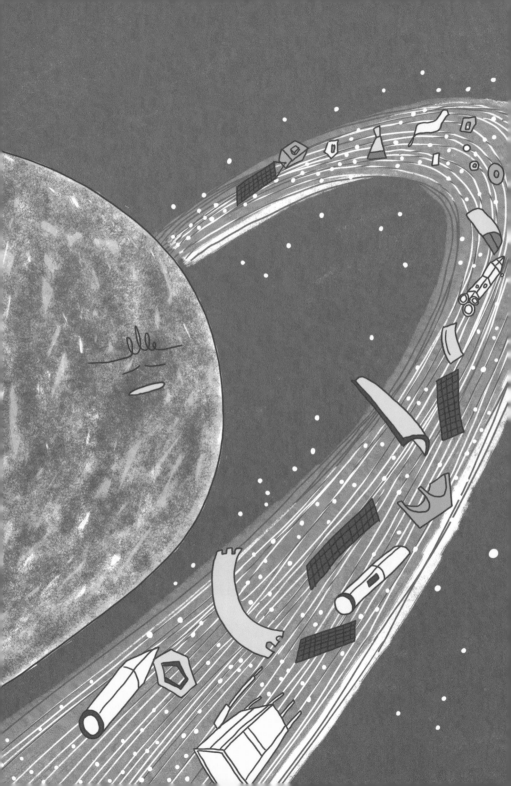

우주는 어떻게
청소할 수 있을까?

우주
쓰레기

2021년 4월 우주로 발사된 중국의 로켓 창정(長征) 5B호의 일부가 지구로 추락한다는 소식 때문에 우리나라를 포함한 전 세계가 한때 긴장한 적이 있어요. 무게 20톤에 길이 31미터에 달하는 로켓 잔해가 우리 머리 위로 떨어질 수 있다니 생각만 해도 아찔합니다. 다행히 로켓 잔해는 지구 대기권에 진입하면서 대부분 불타 없어졌고 일부만 인도 남서쪽의 인도양 바다에 떨어졌어요. 다친 사람 없이 끝났지만 미국은 중국을 향해 "우주에서 책임감 있는 행동을 하라"라고 경고했습니다.

이 일을 겪고 나니 사람이 우주로 쏘아 올린 로켓이나 인공위성 중에 고장 났거나 부서진 것들은 어떻게 되었는지, 거기서 떨어져 나온 파편들은 어디로 간 것인지 궁금해집니다. 우리 주변에 쌓여가는 쓰레기만큼 인류에게 큰 문제가 되고 있는 '우주 쓰레기'에 대해 알아봐요.

우주로 쏘아 올린 물체들

2021년 5월 15일 중국의 우주 탐사선 톈원(天問) 1호가 화성의 최대 평원지인 유토피아 평원에 성공적으로 착륙했어요. 2020년 7월에 발사한 이후 10개월 만이지요. 1976년 NASA(미 항공우주국)가 쏘아 올린 바이킹 1호가 화성에 최초로 착륙한 이래로 인류의 아홉 번째 화성 착륙이었어요. 톈원 1호는 2021년 2월 화성 궤도에 진입한 후 약 3개월간 화성 궤도를 비행하다가 착륙에 성공했습니다. 국제적으로 우주 탐사를 주도해 왔던 미국에 이어 중국 역시 우주 탐사선과 우주 정거장 모듈 등을 다양하게 쏘아 올리면서 우주에는 더 많은 발사체들이 자리하게 되었습니다. 그런데 우주 공간을 비행하는 발사체들은 수명이 다하면 어떻게 될까요?

급격하게 늘어난 우주 쓰레기

우주 쓰레기는 인간이 우주로 쏘아 올렸지만 지금은 작동하지 않는 로켓과 인공위성 같은 우주 비행체와 이런 비행체들이 서로 충돌해서 생긴 파편 등을 통틀어 이르는 말이에요. 인간의 우주 개발 역사는 1957년 러시아의 인공위성인 스푸트니크 1호가 성공적으로 발사되면서 시작되었어요. 이후 60여 년 동안 수많은 인공위성과 로켓이 발사되었죠. 그런데 이 발사체 중 상당수는 수명이 다한 뒤에도 그대로 우주 공간에 남아 있어요. 서로 부딪히면서 작은 파편들로 부서지기도 하고요. 이런 것들이 다 우주 쓰레기가 되고 말아요.

유럽우주국(ESA)에 따르면, 1957년 이후 2021년까지 약 6,050대의 로켓이 우주로 발사되었고, 1만 1,370여 대의 인공위성이 지구 궤도에 배치되었다고 해요. 인공위성 중에 우주에 남아 있는 것은 6,900여 대인데, 그중 현재 작동하고 있는 것은 4,000여 대예요. 나머지 2,900여 대는 작동도 안 하면서 그저 지구 주변을 떠돌고 있는 쓰레기가 된 것이죠.

이런 우주 쓰레기들은 우주 개발 초기에는 많지 않았는데 갈수록 늘어나더니 이제는 심각한 수준에 이르렀어요. 유럽우주국은 2021년 보고서에서 우주 쓰레기 총량이 9,300톤에 달한다고 발표했지요. 우주 쓰레기는 크기가 10센티미터 이상인 것이 3만 4,000개, 1~10센티미터인 것이 90만 개, 1센티미터 이하인 것이 1억 2,800만 개 등 모두 1억 2,893만 개에 달합니다. 이런 추세라면 2030년에는 지금의 3배에 달하는 우주 쓰레기가 지구 주변을 돌게 된다고 해요. 정말 어마어마하지요.

지금까지는 대부분 국가가 주도해 우주 개발을 했지만, 최근엔 일론 머스크의 '스페이스X'처럼 민간 업체들까지 우주 개발에 참여하기 시작했어요. 그래서 우주로 쏘아 올리는 발사체가 급격하게 증가하고 있어요. 우주 쓰레기도 그만큼 늘어날 수 있다는 우려가 나오는 이유이지요.

우주 쓰레기가 위험한 이유

우주 쓰레기는 제자리에 멈추어 있지 않고 지구 주위를 시간당 수천수만 킬로미터 속도로 빨리 돌고 있어요. 이렇게 빠른 속도로 돌고 있으니 정상적으로 작동하고 있는 인공위성과 충돌하면 큰 문제가 발생할 수 있습니다. 전 세계 무선 통신과 방송 중계, 일기 예보, 자동차 내비게이션 등이 가능한 것은 우주에 있는 인공위성 덕분인데, 이것들이 우주 쓰레기에 부딪혀 고장 난다면 피해가 클 수밖에 없지요.

우주 쓰레기의 위험성을 미리 예측한 사람은 미 항공우주국(NASA)의 과학자 도널드 케슬러 박사였어요. 그는 1978년 우주 쓰레기가 일정 규모 이상이 되면 인공위성과 충돌해 또 다른 우주 쓰레기가 발생하고, 이것들이 또 다른 인공위성과 충돌하는 일이 연쇄적으로 일어나 결국 모든 인공위성을 사용하지 못하게 될 것이라는 '케슬러 신드롬'을 발표했어요. 당시엔 과장된 주장으로 여겨졌지만, 이후 인공위성이 우주 쓰레기와 충돌해 멈추어 서는 일이 실제로 계속해서 발생하면서 현재는 어느 정도 사실로 확인되었습니다.

　지구 궤도를 돌고 있는 우주 쓰레기 중 일부는 지구 중력 때문에 끌려 와 대기권에 진입한 뒤 마찰력에 의해 불타서 사라지기도 하지만, 일부는 지상에 떨어지기도 해요. 만약 사람들이 많은 곳에 떨어진다면 피해가 매우 클 거예요. 하지만 대부분 대기권에서 사라질 뿐 아니라, 지상으로 떨어지더라도 지구 표면적의 70퍼센트는 바다이기 때문에 대부분 바다로 떨어져요. 2011년에 독일의 뢴트겐, 2012년에 러시아 포보스-그룬트, 2013년에 유럽우주국 고체, 2018년에 중국 톈궁 1호 등 지금까지 인공위성이나 잔해들이 지구로 추락한 일은 꾸준히 있었어요. 다행히 여기에 맞아서 크게 다친 사람은 없었지만요.

　그렇지만 지구로 추락하지 않는다고 해서 안심할 수도 없어요. 우주 공간에 남아 있는 잔해물들이 우주 공간을 떠다니다가 다른 우주 발사체나 잔해물과 충돌하여 또 다른 피해 상황을 만들어 내는 일도 발생할 수 있기 때문이에요. 2007년에 중국이 수명을 다한 인공위성을 미사일로 파괴했는데, 그 과정에서 발생한 파편들이 2013년에 다른 인공위성과 충돌하는 일이 일어나기도 했을 정도니까요. 이처럼 충돌의 결과로 연쇄 충돌이 일어나거나 그 과정에서 다른 잔해물들이 지구로 추락할 수도 있고, 어떤 발사체와 충돌했느냐에 따라 위성 등의 기능에 이상이 생겨 또 다른 피해로 이어질 수도 있어요. 특히 지상과 가까운 저궤도 위성 영역에서는 궤도 충돌이 발생할 경우 잔해가 지구로 그대로 떨어질 가능성이 더욱 높아 위험하지요. 그래서 각국 정부들은 우주 쓰레기들이 어디로 떨어질지 항상 긴장하고 있답니다.

전 세계가 우주 쓰레기를 감시해요

이렇게 우주 쓰레기의 위험성이 커지자 세계 여러 나라가 우주 쓰레기를 상시 추적하고 감시하고 있어요. 대형 우주 망원경이나 고성능 레이더를 통해 우주 쓰레기가 어디에 있는지, 지구로 떨어지지는 않는지 등을 24시간 살펴보는 거죠. 우리나라에서는 한국천문연구원의 우주환경감시기관이 그런 일을 해요.

또 우주 쓰레기는 어느 한 국가만의 일이 아니기 때문에 다른 나라들 간의 협력도 중요합니다. 2019년을 기준으로 우리나라를 포함한 95개국은 유엔 산하 외기권평화적이용위원회(COPUOS)에서 우주 쓰레기 줄이기 등과 같이 우주 환경을 보호하는 문제를 함께 논의하고 있답니다.

우주 쓰레기를 청소하는 기술

2020년 개봉한 우리나라 영화 〈승리호〉는 우주 쓰레기를 수집해
되파는 우주 청소부들 이야기예요. 실제 현실에서도 우주 쓰레기를
직접 수집하고 제거하는 기술들이 속속 개발되고 있어요. 러시아 회사
'스타트로켓'은 '폴리머 폼'이라는 끈끈한 물질을 이용해 우주 쓰레기를
수거하는 위성을 개발하고 있어요. 폴리머 폼에 우주 쓰레기를 붙인
다음 쓰레기를 지구 대기권으로 떨어뜨려 불태워 버리는 방식입니다. 또
우주에서 그물을 발사해 쓰레기를 모으는 방식, 자석으로 우주 쓰레기를
끌어모으는 청소 위성 등도 개발되고 있어요.

지구 주변의 우주 쓰레기

아무것도 없는 땅인 줄 알았던 곳에 초록색 작은 새싹들이 자라납니다. 단단한 가지와 기둥만 있던 나무에 알록달록 꽃이 피고 잎이 돋습니다. 새들이 부리에 나뭇가지를 물고 이리저리 날며 둥지를 만들기도 하고, 곤충들도 저마다 분주해지지요. 이런 현상을 관찰할 때 우리는 비로소 봄이 왔음을 느낍니다. 시간이 흐르면 시원한 바람이 소중한 여름과 울긋불긋한 단풍에 감탄하는 가을이 오겠지요. 그리고 조금 더 지나면 찬바람에 꽁꽁 언 손을 녹이며 눈사람을 만드는 겨울이 올 거예요.

이 책을 읽고 나서 주변을 한번 둘러보세요. 정지된 화면처럼 보였던 곳이 사실은 과학적 사건이 끊임없이 일어나고 있는 생생한 과학의 현장이라는 것이 느껴지지 않나요? 발아래 땅속부터 저 멀리 우주에 이르기까지, 내 몸속과 다른 생물에도 과학은 언제나 존재하고 있어요. 이제 여러분은 매미 소리와 꿀벌의 춤을 보면 어

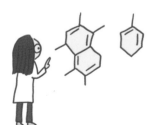

떤 정보를 주고받는지 알 수 있고, 주사를 싫어하는 사람들에게
안 아픈 주사가 연구 중이라는 것을 알려줄 수도 있어요. 심해와
우주를 넘나들며 더 넓은 세상을 바라볼 수 있게 되었고, 아름다
운 지구를 기후 변화로부터 지키기 위한 과학자들의 노력도 알게
되었지요.

여러분은 이제 과학이라는 재미있고 신기한 렌즈를 활용할 수
있게 된 거랍니다. 과학을 통해 세상을 더 즐겁고 깊이 있게 바라
볼 수 있기를 바랍니다.

2023년 가을

안주현

안주현의
과학
언더스탠딩 1

ⓒ 안주현, 2023. Printed in Seoul, Korea

초판 1쇄 찍은날 2023년 10월 11일
초판 1쇄 펴낸날 2023년 10월 20일

지은이   안주현
그린이   허현경
펴낸이   한성봉
편집   문정민
콘텐츠제작 안상준
디자인   권선우 최세정
마케팅   박신용 오주형 박민지 이예지
경영지원   국지연 송인경
펴낸곳   동아시아사이언스
등록   2020년 2월 7일 제2020-000028호
주소   서울시 중구 퇴계로30길 15-8 [필동1가 26]
전자우편   easkids@daum.net
전화   02) 757-9724,5
팩스   02) 757-9726
ISBN   979-11-91644-13-5 43400

※ 동아시아사이언스는 동아시아 출판사의 어린이·청소년 논픽션 브랜드입니다.
※ 잘못된 책은 구입하신 서점에서 바꿔드립니다.

만든 사람들
책임편집   문정민
크로스교열 안상준
디자인   정수연